新工科

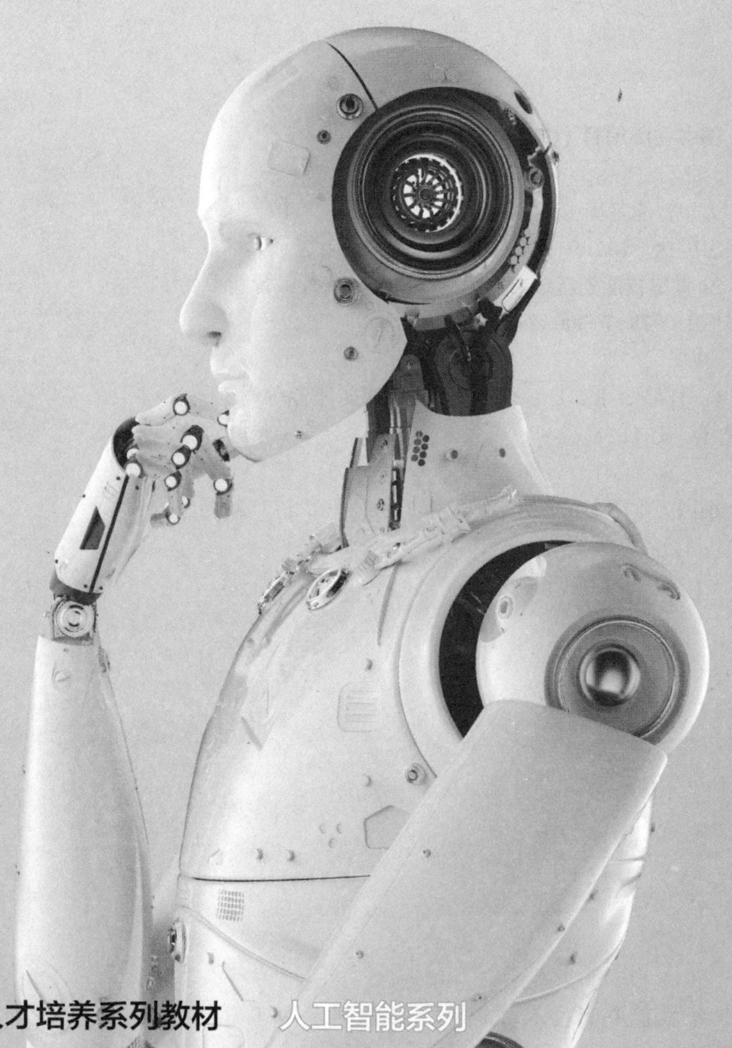

21世纪技能创新型人才培养系列教材　人工智能系列

人工智能基础

Rengong Zhineng Jichu

主　编　王小航
副主编　徐文胜
参　编　王圣杰　黄子凯　李寿斌
　　　　吴　倩　王佳晨

中国人民大学出版社
·北京·

图书在版编目（CIP）数据

人工智能基础 / 王小航主编. -- 北京 ：中国人民大学出版社，2021.9

21 世纪技能创新型人才培养系列教材. 人工智能系列

ISBN 978-7-300-29809-2

Ⅰ. ①人… Ⅱ. ①王… Ⅲ. ①人工智能－高等学校－教材 Ⅳ. ① TP18

中国版本图书馆 CIP 数据核字（2021）第 177196 号

21 世纪技能创新型人才培养系列教材·人工智能系列

人工智能基础

主　编　王小航

副主编　徐文胜

参　编　王圣杰　黄子凯　李寿斌　吴　倩　王佳晨

Rengong Zhineng Jichu

出版发行	中国人民大学出版社		
社　　址	北京中关村大街 31 号	**邮政编码**	100080
电　　话	010－62511242（总编室）		010－62511770（质管部）
	010－82501766（邮购部）		010－62514148（门市部）
	010－62515195（发行公司）		010－62515275（盗版举报）
网　　址	http://www.crup.com.cn		
经　　销	新华书店		
印　　刷	天津中印联印务有限公司		
规　　格	185 mm × 260 mm　16 开本	**版　　次**	2021 年 9 月第 1 版
印　　张	10.5	**印　　次**	2021 年 9 月第 1 次印刷
字　　数	188 000	**定　　价**	32.00 元

前 言

PREFACE

人工智能是计算机学科的一个分支，英文缩写为 AI。它是研究、开发用于模拟、延伸和扩展人的智能的理论、方法、技术及应用系统的一门新的技术科学。人工智能的迅速发展将深刻改变人类社会生活、改变世界，人工智能这一概念已成为社会各界关注的焦点，为抢抓人工智能发展的重大战略机遇，构筑我国人工智能发展的先发优势，加快建设创新型国家和世界科技强国，国家已颁布相关政策对人工智能发展进行规划。我们应立足国家发展全局，准确把握全球人工智能发展态势，找准突破口和主攻方向，全面增强科技创新基础能力，全面拓展重点领域应用深度广度，全面提升经济社会发展和国防应用智能化水平。

为助力人工智能的发展，首要任务是加快培养聚集人工智能高端人才。把高端人才队伍建设作为人工智能发展的重中之重，坚持培养和引进相结合，完善人工智能教育体系，加强人才储备和梯队建设，形成我国人工智能人才高地。为了培养所有在校大学生的认知力和创造力，为大学生普及人工智能知识，我们编写了《人工智能基础》一书，讲述了人工智能学习需要的基础知识和有关的经典案例，旨在对人工智能初学者进行知识普及。

本书编写特点如下：

（1）以普及人工智能知识为目标，将基础知识和实际案例结合，教学内容紧扣未来学生实际工作需求，传授学生基础知识，并通过实际案例加深巩固。

（2）采用不同领域区分编写模式，对当前多个人工智能热门领域进行针对性介绍。

（3）基础教学和习题训练一体化，直观易懂，易于读者接受和掌握。每个单元结尾均提供练习题，供读者检测知识掌握水平。

由于编者水平有限，书中难免存在错误和疏漏之处，敬请读者不吝赐教。

编者

目录

CONTENTS

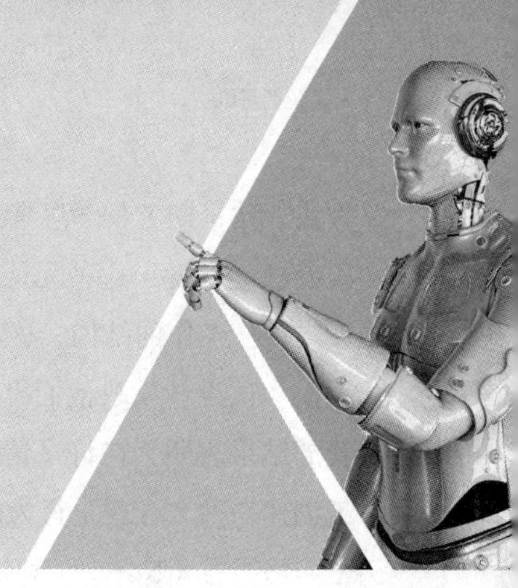

单元一 绪　论

单元导读

人工智能（Artificial Intelligence），英文缩写为 AI。它是研究、开发用于模拟、延伸和扩展人的智能的理论、方法、技术及应用系统的一门新的技术学科。人工智能是当前全球最热门的话题之一，是 21 世纪引领世界未来科技领域发展和生活方式转变的风向标，人们日常生活中的方方面面已经运用到了人工智能技术，比如网上购物的个人化推荐系统、人脸识别门禁、人工智能医疗影像、人工智能导航系统、人工智能写作助手、人工智能语音助手等。

20 世纪 40 年代和 50 年代，来自不同领域（数学、心理学、工程学、经济学和政治学）的一批科学家开始探讨制造人工大脑的可能性。1956 年，人工智能被确立为一门学科。对人工智能有所了解和研究，是新时代对大学生提出的新要求。本单元将分别论述人工智能的定义和方法，人工智能的发展简史、研究与应用领域以及发展趋势。

学习目标

1. 了解人工智能的定义、发展简史。
2. 熟悉人工智能的研究与应用领域。
3. 认识人工智能未来的发展趋势。

1.1 人工智能的定义

几百年甚至数千年的时间里，人们一直试图理解他们对周围现实的感知和行动方式。从早期的哲学思考开始，到心理学的起源，再到当代的认知神经心理学方法，人们已经开发了这种元认知的工具，并扩展了该领域的知识范围。试图建立一种像人类一样工作的结构，这种需求是人工智能研究的基础。在创建智能结构的过程中，人们尝试设计反映他们思维和工作方式的解决方案。然而，哲学家的反思和心理测验的结果表明，在许多情况下，人们的思维和行为都是非理性的，人们自然会倾向于创建一种"合理"行为的结构。

洛维各（Norvig）和拉赛尔（Russell）在上述维度上对人工智能（AI）的定义进行了总结：（1）思想和行为；（2）有效性：人的水平和理性。

《人工智能：一种现代的方法》中指出，人工智能是类人思考、类人行为，理性的思考、理性的行动。人工智能的基础是哲学、数学、经济学、神经科学、心理学、计算机工程、控制论、语言学。人工智能的发展，经过了孕育、诞生、早期的热情、现实的困难等数个阶段，有科学家这样定义：人工智能是研究、开发用于模拟、延伸和扩展人的智能理论、方法、技术及应用系统的一门新的技术学科，它是计算机学科的一个分支。

人工智能是一门什么学科？人工智能学科的主旨是研究和开发出智能实体，在这一点上它属于工程学。工程的一些基础学科自不用说，数学、逻辑学、归纳学、统计学、系统学、控制学、工程学、计算机科学，还包括对哲学、心理学、生物学、神经科学、认知科学、仿生学、经济学、语言学等其他学科的研究，可以说，这是一门集数门学科精华的尖端学科中的尖端学科——因此说，人工智能是一门综合学科，如图 1-1 所示。

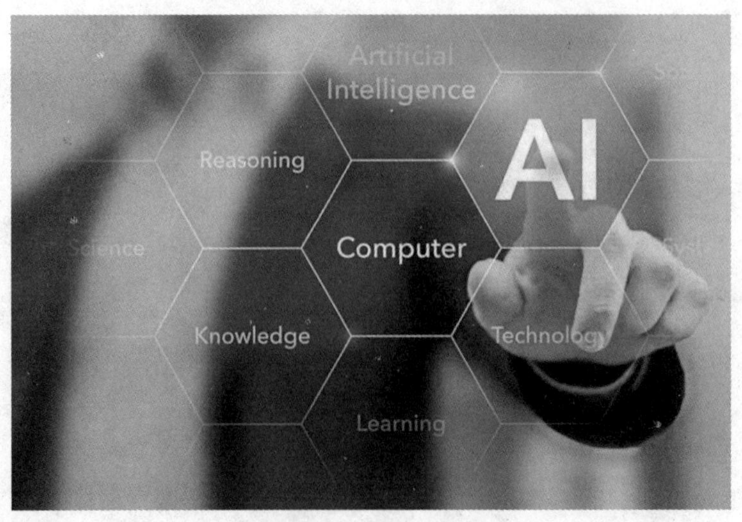

图 1-1　人工智能学科

1.1.1 像人类一样思考

“像人类一样思考”的核心是认知心理学科学中的发现，该发现测试了感知（感官感知，物体识别）、注意力、记忆（短期和永久性）、抽象思维、面向目标的行为（决策、发起和监视行为）、情绪、社会关系、意识和自由意志。认知心理学现已成为一个跨学科领域：它将“经典”心理学研究与神经学研究（认知神经科学）和计算机建模（计算性认知神经科学）相结合。心理学的发现和模型已经开始尝试重现和模拟认知结构和基于其神经元的大脑认知功能底物。人工智能的研究自然是受到认知科学发现的启发，但更多的是帮助心理学解释大脑活动的机制。这些跨学科工作的成果就是像人类一样“思考”的系统，能够通过各种“感觉”从环境中接收信号，解释这些信号，并进行分析和推理，在关系分析的基础上做出决策。这些系统通常称为认知计算。

1.1.2 像人类一样行动

AI 系统建模以使其受大脑功能启发的方式构成了一种创建行为类似于人类的解决方案。AI 的质量评估标准的经典例子之一是图灵（1950）提出的例子。他的目标是提出人工智能的操作定义。在最初的版本中，图灵建议不要检查机器是否可以思考，而应该检查它是否可以像人一样工作。该测试以简化的方式包含在人与机器的对话中，该任务是评估他是在与机器还是在与其他人交谈。如果机器成功地欺骗此人超过 30% 的对话时间，那么我们可以说该系统是智能的。现代版本的测试扩展了最初的建议，即可以测试图像感知和传输物理对象以进行评估。人工智能手臂概念图如图 1-2 所示。

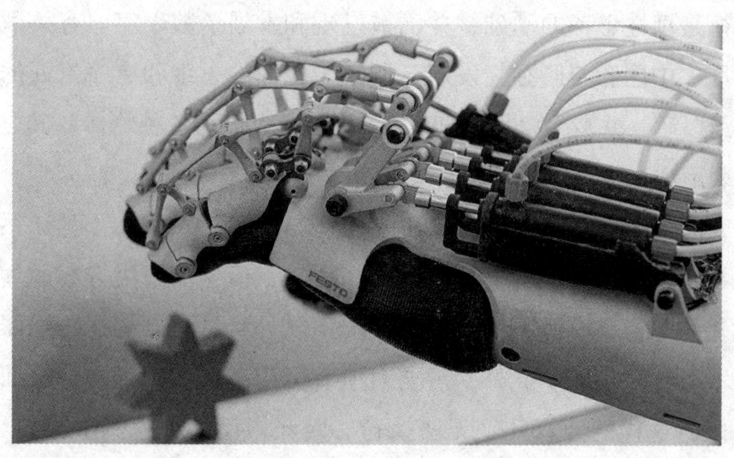

图 1-2 人工智能手臂概念图

还有一些其他有趣的机器“智能测试”，例如：

（1）Woźniak 测试：如果机器人可以进入普通家庭并自己煮一杯咖啡（Wozniak n.d.），则它是智能的。

（2）Goertzel 测试：如果该系统能够注册学习、进修、通过课程并获得文凭，则该系统是智能的。

（3）Nilsson 检验：如果该系统能够与处于经济上重要地位的人同等或更好地工作，则该系统是智能的。

为了成功通过上述测试（实际上表现得像人一样），该系统至少应具有以下选项（Norvig 和 Russell，2016）：

（1）自然语言处理：语音、文本形式的接收、解释和陈述。

（2）知识表示：以便能够收集获取的信息和生成的知识。

（3）自动推理：以识别记录信息中的模式，使用积累的知识来回答问题并生成新的应用程序。

（4）机器学习：从自身的经验中学习并适应新的条件。

（5）图像分析：识别物体与物体的位置。

（6）操纵物理对象。

上述智能系统“能力”领域是现代 AI 方法和技术的基础。事实证明，在大多数情况下，由工程师制造的机器已经具有远远超过人类能力的能力（所谓的“弱”人工智能）。尽管目前仍然无法实现，但在人工智能方面取得优势仍然是许多科学和工业团队的重点研究课题。

1.1.3 理性思考

逻辑定律是理性思考的基础，并已被发现和发展了数千年。有关逻辑的著作最早分别在印度、中国和希腊独立发起，制定了正确的思维和有序论证的规则。继续发展到中世纪以后，并在 19 世纪蓬勃发展，当时人们为各种物体及其之间的关系提出了精确的表示法。

这些研究的结果对于 AI 系统开发中的逻辑处理至关重要，而 AI 系统的开发迄今已成功地在专家系统中应用。尽管取得了成功，但这类解决方案的局限性在我们处理非结构化的知识且充满不确定性的情况下随处可见，例如在传感器生成的数据或在后台的不可预测现象。此外，需要对所有可用事实和选项进行全面分析，由于计算能力有限，这样的计算几乎无法执行。因此，仅基于逻辑定律的 AI 系统具有相对狭窄的应用程序，但这并不意味着它们不会在更复杂的系统中使用。

1.1.4 理性行动

如前所述，创建不受“人类”非理性负担的系统的梦想已成为围绕所谓的理性主体的人工智能的趋势。主体概念是指采取行动的对象。期望计算机代理（即在计算机上运行的程序）能够接收和解释来自环境的信号，自主行动，在更长的时间内维持行动，适应变化并制定目标，实现目标。代理在特定环境中运作：它具有一些有关背景的知识，这些知识是明确给出的（例如，由“老师”提供的）或由过去的经验而积累的。由于有来自传感器的数据，它还可以记录有关背景、当前状态的信息。它可以在给定的时刻采取特定的措施；它还有一个特定的效率度量，可以评估成功的程度。

理性主体是行为合理的主体。特定时刻行为的合理性取决于以下几点：

（1）定义成功标准的效率度量。

（2）代理对背景的了解。

（3）代理当前可能采取的行动。

（4）迄今为止代理已经获取的有关环境的信息序列。

洛维各和拉赛尔通过以下方式定义了一个理性主体：

对于每个可能的规则序列，理性主体应该选择最可能最大化其有效性功能的动作，同时考虑到所获得的有关环境状态信息以及所拥有的有关该环境的知识。

上述合理性定义可以得出以下重要结论：

（1）代理应有明确定义的有效性度量标准：

1）将根据已开展活动的有效性来判断所开展活动的有效性，以使代理更接近实现此度量标准，因此需要一个清晰可衡量的定义。

2）有效性的度量由创建者定义。这是一个重要的问题。看起来很自然（机器应该达到设计者设定的目标），但是在许多情况下，事实证明，“设计者”没有意识到或无法明确定义目标（例如，互联网上的消费者）。系统应能够独立确定有效性度量，例如基于对用户行为的分析始终在某些安全框架内。

（2）在评估代理行为的合理性时，应考虑其行为的后果：

1）代理根据对环境的认识和知识采取行动顺序。

2）这些活动改变了环境状况。

3）如果环境中的这些变化最大化了有效性的衡量标准，那么我们就说代理的行为举止合理。

4）对合理性的评估不受代理身份变化的影响。换句话说，我们不会根据代理对自身有效性的看法来评估行为的合理性。没有考虑到所采取的行动的自满程度或对情况的善意的信念没有影响环境的改善（在评估人类活动时通常就是这种情况）。

（3）推理的正确性不是评估系统的基本标准，就像逻辑系统一样：

1）在某些情况下，没有办法从逻辑上证明这个行动会造成这个结果。但是在这种情况下有必要做出决定，而不能仅以逻辑定律为指导。

2）有时可以采取合理行动（以最佳方式实现预期目标的行动），而无须逻辑推断。一个例子就是反射动作，例如，远离火源。

上面定义的行为的合理性是普遍的（在逻辑定律的指导下，它允许不确定性和近似性），并且可能是人工智能领域（尤其是机器学习）当前大多数项目的基础。

1.2 人工智能的发展简史

回顾人工智能的产生与发展过程，可大致分为孕育、形成、知识应用和综合集成这 4 个阶段。

1.2.1 孕育期

一般认为 AI 的最早工作是沃伦·麦克卡洛克（Warren McCulloch）跟沃特·皮特斯（Walter Pitts）完成的。他们吸纳了 3 种资源后提出一种人工神经元模型。唐纳德·海布阐述了一种简单的更新规则，用于修改神经元间的连接强度。两名普林斯顿大学数学系的研究生在 1951 年建造了第一台神经元网络计算机。还有不少早期工作的例子可以被当作人工智能，古希腊伟大的哲学家和思想家亚里士多德创造了演绎法，他提出的三段论至今仍然是演绎推理的最基本的出发点。

1.2.2 形成期

人工智能诞生于 1956 年一次历史性的聚会。几位来自美国数学、神经学、心理学、信息科学和计算机科学方面的杰出年轻科学家，在一起探讨并由麦卡锡提议正式采用了“人工智能”这一术语。从而诞生了一个以研究如何用机器来模拟人类智能的新兴学科。1969 年的国际人工智能联合会议标志着人工智能得到了国际的认可。正当人们在为人工智能所取得的成就而高兴的时候，人工智能却遇到了许多困难。人工智能的先驱者们在反思中认真总结了人工智能发展过程中的经验教训，从而开创了一条以知识为中心、面向应用开发的研究道路。

1.2.3 知识应用期

1977 年，费根鲍姆在第五届国际人工智能联合会议上正式提出了知识工程的概念。从此之后，各类专家系统得以发展，大量的商品化专家系统和智能系统纷纷推出。知识专家系统在全世界得到了迅速发展，其应用范围也扩大到了人类各个领域，并产生了巨大的经济效益。

专家系统本身所存在的应用领域狭窄、缺乏常识性知识、知识获取困难、不能访问现存数据库等问题被逐渐暴露出来，人工智能又面临着一次考验。

1.2.4 综合集成期

在专家系统方面，从 20 世纪 80 年代末开始逐步向多技术、多方法的综合集成与多学科、多领域的综合应用型发展。大型专家系统开发采用了多种人工智能语言、多种知识表示方法、多种推理机制和多种控制策略相结合的方式，并开始运用各种专家系统外壳、专家系统开发工具和专家系统开发环境等。目前，人工智能技术正在向大型分布式人工智能、大型分布式多专家协同系统、并行推理、多种专家系统开发工具、大型分布式人工智能开发环境和分布式环境下的多智能体协同系统等方向发展。但从目前来看，人工智能的理论、方法和技术都不太成熟，人们对它的认识也比较肤浅，甚至连人工智能能否归结、如何归结为一组基本原理还是个问号，这些都有待于人工智能工作者的长期探索。

现已“年过半百”的 AI 终于实现了它最初的一些目标。它已被成功地用在技术产业中，不过有时是在幕后。这些成就有的归功于计算机性能的提升，有的则是在高尚的科学责任感驱使下对特定的课题不断追求而获得的。AI 比以往的任何时候都更加谨慎，却也更加成功。

现在，最先进的神经网络结构在某些领域已经能够达到甚至超过人类平均准确率，例如在计算机视觉领域，特别是在一些具体的任务上，比如 MNIST 数据集（一个手写数字识别数据集）、交通信号灯识别等。再如游戏领域，Google 的 deepmind 团队研发的 AlaphaGo，在问题搜索复杂度极高的围棋领域已经达到了很高的智能程度。

1.3 人工智能的研究与应用领域

人工智能存在许多不同的研究领域，如语言处理、自动定理证明、计算智能、智能数据检索系统、视觉系统、问题求解、人工智能方法和程序语言以及自动程序设计等。在过去的 40 年中已经建立了一些具有人工智能的计算机系统，能够求解微分方程、下棋、设计和分析集成电路、合成人类自然语言、检索情报、诊断疾病以及控制太空飞行器和水下机器人等。

目前，人工智能的研究是与具体领域相结合进行的，有以下领域。

1.3.1 专家系统

专家系统是依靠人类专家已有的知识建立起来的知识系统，是一种具有特定领域内大量知识与经验的程序系统。它应用人工智能技术、模拟人类专家求解问题的思维过程，求解领域内的各种问题，其水平可以达到甚至超过人类专家的水平。目前专家系统是人工智能研究中开展较早、最活跃、成效最多的领域，广泛应用于医疗诊断、地质勘探、文化教育等各方面。它是在特定的领域内具有相应的知识和经验的程序系统，它应用人工智能技术、模拟人类专家解决问题时的思维过程，来求解领域内的各种问题，达到或接近专家的水平。

1.3.2 机器学习

机器学习就是机器自己获取知识。机器学习的研究，主要是研究人类学习的机理、人脑思维的过程；机器学习的方法；建立针对具体任务的学习系统；机器人学所研究的问题，包括从机器人手臂的最佳移动到实现机器人的目标动作序列的规划方法等。因此开发高智能机器人是一个重要研究方面。

1.3.3 模式识别

模式识别是研究如何使机器具有感知能力，主要研究视觉模式和听觉模式的识别，如识别物体、地形、图像、字体（如签字）等。在日常生活各方面以及军事上都有广大的用途。近年来迅速发展起来应用模糊数学模式、人工神经网络模式的方法逐渐取代传统的用统计模式和结构模式的识别方法。特别是神经网络方法在模式识别中取得较大进展。当前模式识别主要集中在图形识别和语音识别。图形识别方面例如识别各种印刷体和某些手写体文字，识别指纹、白细胞和癌细胞等的技术已经进入实用阶段。语音识别主要研究各种语音信号的分类。语音识别技术近年来发展很快，现已有商品化产品如扫描仪的上市。

1.3.4 人工神经网络

人工神经网络是在研究人脑的奥秘中得到启发，试图用大量的处理单元（人工神经元、处理元件、电子元件等）模仿人脑神经系统工程结构和工作机理，是通过范例的学习，修改了知识库和推理机的结构，达到实现人工智能的目的。在人工神经网络中，信息的处理是由神经元之间的相互作用来实现的，知识与信息的存储表现为网络元件互连间分布式的物理联系，网络的学习和识别取决于和神经元连接权值的动态演化过程。人工神经网络也许永远也无法代替人脑，但是它能帮助人类扩展对外部世界的认识和智能控制。多年来，人工神经网络的研究取得了较大的进展，成为具有一种独特风格的信息处理学科。目前，人工神经网络的发展趋势有以下特点：

（1）新的人工神经网络模型产生频率非常之快。

（2）现有的人工神经网络模型的完善改进速度喜人。

（3）人工神经网络与其他一些现代优化计算方法的结合运用日见增多，如结合混沌理论、遗传 + 神经、模拟退火 + 神经算法等成功运用的实例。

1.3.5 智能决策支持系统

决策支持系统属于管理科学的范畴，它与“知识—智能”有着极其密切的关系。自 20 世纪 80 年代以来，专家系统在许多方面取得成功，将人工智能中特别是智能和知识处理技术应用于决策支持系统，扩大了决策支持系统的应用范围，提高了系统解决问题的能力，成为智能决策支持系统。

1.3.6 自动定理证明

自动定理证明是指利用计算机证明非数值性结果，即确定真假值。早期研究数学系统的机器是 1926 年由美国加州大学伯里克分校制作的，这些程序能够借助对事实数据库的操作来对某些事物或问题进行推理和证明。

1.4 人工智能的发展趋势

人工智能已经在不知不觉间悄然而至，等我们发现的时候，它已经渗透到了我们的生活中，甚至影响着整个世界。人工智能的未来有无限种可能，它的未来也在改变着人类的未来。

之前科学家发明的“机器学习”方法在互联网领域大显神通，从根据用户的兴趣自动推荐阅读、购物信息，到提供更准确的语音识别、网络翻译服务，互联网变得越来越智能化。人工智能正在筹备一场堪比技术革命的大变革。

在面对这样一个快速发展的新技术时，一定是见仁见智的。从纵向发展的角度来说，人工智能通常被分为三个阶段：第一个阶段是弱人工智能，第二个阶段是强人工智能，第三个阶段是超人工智能。但是事实上，目前不论多么先进的 AI 技术，都属于第一个阶段，只能做到在某个领域跟人差不多，但是不能超越人类。

现在，人工智能的发展其实并没有多么完善，今后人工智能的发展还会持续高速地进行，那么人工智能未来的发展趋势有哪些呢？

（1）人工智能技术大规模应用，人工智能产品全面进入我们的生活。关于人工智能产品，大家最熟悉和了解的应该是我国通信行业的巨头——华为公司自主研发的 AI 芯片，而由苹果公司推出的 iPhone X 系列手机搭载的也是 AI 智慧芯片，我们的生活正在慢慢地出现更多的人工智能产品。人工智能应用在这些方面，只是我们生活的冰山一角，未来，人工智能将会更多地应用到商业，由商家开发的人工智能产品也将充斥在我们生活的每个角落。

（2）人工智能成为一种可购买的智慧服务。人类研究人工智能，归根究底还是要为人类服务，人工智能和不同行业的结合发展，能让我们的生活变得更加方便，或者说“懒”，这就跟人类使用工具一样，其本质都是“偷懒”和高效，百度公司研发的无人驾驶汽车。对于人工智能的可应用来说，这只是其中之一，在未来，当大规模应用到生活的各个方面的时候，就可以通过购买的方式来享受人工智能带给我们的服务。

（3）人工智能取代人力，对全球的经济产生影响。说到人工智能，大多数人都是比较期待的，当然也有少数人会怀着担忧的心态看待它。因为人工智能的发展，让我们看到了人工智能的高效和服从，在未来，当人工智能的发展进入一个全新的领域阶段，它是不是能够取代现在一些行业所需要的人工劳动呢？如果是的话，将会有大面积的失业问题出现，因为人工智能的发展，能够在短时间内对其进行量产，这样就会有很多人下岗，对全球的经济和社会发展来说，影响都是巨大的。

拓展阅读

人工智能让我们害怕什么？

从人机关系的视角看，主要包括两项巨大的挑战，一是机器替换人类，导致失业浪潮；二是人工智能的军事化，智能武器在利比亚内战中已大量使用。用美国科幻文学的口号来说，未来已经来到。

挑战之一：个人隐私的逐渐消亡

人工智能带来的首要挑战是个人隐私的消亡。在传统社会，隐私之所以被称为“私”，是因为它可以“隐”。中文词将其特点诠释得非常完美。

当前社会已经普遍使用机器智能，它能够记录每个人的行为与信用表现，其背后涉及的法律问题就是个人的隐私权。在法律层面，隐私权是一项非常重要的权利。美国在经过多年的宪法诉讼后，隐私权早已被确立为宪法中的一项基本权利，我国《民法典》中，隐私权是一项非常重要的内容。

1. AI 商业模式：与知识产权相反的数据获取

今天，人工智能的来临，导致隐私从人类的日常生活中消失。那么，我们是否有必要保护这种正在消失的权利？就像脸书创始人马克·扎克伯格说的：我们为什么需要隐私？我的客户很乐意把隐私交给我们，因为我们的服务能给他们带来不可抗拒的便利。尽管我们可从哲学、伦理学、法学等各个角度切入，寻找多种理论上的应对方案，但人工智能技术实际上在现有的市场经济条件下，必定会按照一定的商业模式涌入社会。推广人工智能最有利的产品就是智能手机。扎克伯格和他的团队惊人地推出人工智能的商业模式。

人工智能的商业模式与知识产权模式完全相反。所谓知识产权，就是在任何无形的东西上设立产权。例如，一束花并不是知识产权，但拍花的照片，它的使用就可以成为知识产权，这朵花的香味也能做成一个具有识别性的标记，称作商标，也就是知识产权。因此，知识产权的主要用途就是禁止他人随意复制或使用，需要付费才能使用。

在目前的商业竞争和经济活动中，知识产权是一个非常有效的竞争手段，因为它可以打击竞争对手，通过诉讼强迫他人付费或承担更多的成本，促使对方不得不屈服。

从本质上说，商业模式的基础是对价交易，法律语言表述为，交易双方需要付出代价，形成契约。当前网络企业大平台采用免费或廉价的付费模式，而我们付出的代价就是个人信息。从我们购买手机的那一刻起，就已经提交了个人信息，并且还需不断地提交，这可以称为硬规则，因为消费者必须接受。这些数据被企业获取，用于建立数据库，再转卖给第三方或者用于其他用途，例如开发新产品等。

2. 数据财产化后，企业掌握了每个人的隐私

数据如此重要，以至于现有的法律无法对其进行估算。数据所蕴含的巨大价值

令业界非常希望将其财产化。数据的原始主人是谁？难道不是我们每一个人吗？难道数据不是我们的财产吗？若这样思考，脸书就无法运营了，因为它需要与几亿人签订合同。因此，数据的财产化是个法律问题，目前无解。虽然利益集团的游说非常激烈，不久的将来或会进行立法，但即使没有立法，数据事实上也已经是财产了，因为它是我们每天进行的无数次交易的标的物。法学理论认为，只要能成为交易的标的物，例如数据，它就已享有财产的地位，只不过对它的保护缺少明文规定而已。所以，这些企业事实上已经掌握了我们每个人的隐私。

当然，还有一位参与数据收集竞争的主导者，即政府。在拥有发达的互联网产业之后，任何国家的政府必然深度介入数据的抓取。中国在这方面做得最好，大城市道路上安装的摄像头，可促使暴力犯罪大幅降低。虽然从隐私角度来说，这或许会令人不安，但从产业发展以及政府对数据的抓取来说，这可以解决诸多问题。例如，许多传统上难办的案件到了大数据时代非常容易破获。

挑战之二：引领法律走向硬规则体系

人工智能使我们忽视原本异常烦琐的程序、调查，不得不接受一些硬规则，这对于法制建设的影响非常巨大。什么是硬规则？马路中间通常都设有一排铁栏，用于分隔两个车道，它强迫车辆必须在它自己的那条车道里行驶，不得越界。这也可以说明软规则的失效，政府可以选择其他整治交通的措施，但都不如硬规则方便、廉价。

1. 警惕人工智能带来的规则制定权之争

硬规则带来了什么好处？它不需要像传统的法制建设那样由政府积极推动普法，也不用通过文艺作品向大众宣传规则的重要性，也无须事先征求民众的意见。一般来说，我们国家的立法应当按照民主原则，通过人民代表大会制度进行，或通过政府有关部门制定规章。但硬规则不同，硬规则主要由商家制定，它通过智能终端添加到我们身上，智能手机就是最佳的例子。手机硬规则通过用户点击“同意”键进入系统，如果用户不同意，也可以点“取消”键。这种合同在过去的人类社会中很少出现，而按照现在的制度和商业模式来看，这就是一种单方面为用户制定规则，使之通过衡量利弊或被迫接受的格式合同。

所以，整个法律制度实际上被人工智能引领着走向了硬规则体系。这令人感到害怕和忧虑，值得引起世人的注意。因为这种情况将导致资本力量过于强大。从国家的立场来看，立法必须回应民众的要求、呼声与利益诉求。但是，如果规则的制定权大量落入企业手中，其结果就大为不同了。

从某种角度来说，政府将比过去的工业化社会更大幅度地介入商业活动，这不利于建设健康的社会主义市场经济。依据市场经济理论，最理想的市场经济是政府只负责一部分的监管、注册和维稳等传统要求，但智能终端、智能经济、智能技术将改变原有格局。

2. 商家过度承担硬规则的制定，将加剧贫富差距

事实上，硬规则的制定权越来越多地归于商家，商家乐见其成，因为可增加利润收益。它的危机表现形式就是十多年前美国发生的华尔街金融危机。

我们要防止因网络技术、网络产业发展导致的贫富差距拉大和社会分化。不久前，美国黑石集团共同创始人、全球主席兼首席执行官苏世民向麻省理工学院捐款建立人工智能学院，明确要求该学院必须包括关于人机伦理的研究，而这类研究必须解决贫富分化、财富过度集中的问题。可见，苏世民已经清醒地认识到，人类社会所面临的新挑战，是财富的巨大分化带来的社会难题。作为富豪，他有责任提出这个问题，而学者必须在研究科技的同时关注伦理问题。“基因编辑婴儿”事件是个典型的负面例子，其背后的投资人和合作者都是外国商家，试图进行商业冒险。

这表明，商业资本在市场博弈中具有盲目性，缺乏伦理约束。为了100%的利润，资本就敢践踏一切人间法律；有300%以上的利润，资本就敢犯任何罪行，甚至去冒绞首的危险。既然如此，我们该如何注意伦理问题？必须加强政府部门和行业本身的约束。政府部门相当于外部约束、外部监管，行业本身也有自我教育、自我培训等自律的要求。

挑战之三：深刻改变生活习惯和生命意义

从科学发展的角度来说，探索是非常必要的。对那些不得不发展的产品而言，我们必须在技术条件与科学原理上继续探索，以便获得对人类有益而非有害的结果。人工智能在这方面的表现特别醒目。

1. 麦当劳配方秘诀：按基因喜好迎合全人类口味

开发人工智能的商家非常聪明，智能终端通常根据反复实验研究人的心理和习惯，以及由基因决定的倾向性来设计界面，因此，一个出生不久还不会说话的婴儿会很快发现手机或平板电脑的可爱之处，并与之互动，这是设计的成功之处。

以麦当劳为例，它是实验室的产物。以工业化养殖的牛、猪、鸡作为原始材料，经过混合、配方以及化学处理，调试出令全球儿童都喜欢的口味，并为此成立了一

所麦当劳大学。在美国，即便是含着金钥匙出身贵族家庭的小布什也爱吃这种食品，因为他无法拒绝这种根据人类基因构成研制出的味觉配方。

终端界面的设计也是如此，比如手机制造商研制的可折叠手机最初也受到批评，但很快就寻找到了感觉与方向，因为这些企业拥有全球最顶尖的设计团队。设计者并不仅仅是为了让用户使用方便，而是要让用户无法摆脱。

2. 改变审美趣味，机器设置的产品影响生命意义

微软小冰作诗是个很有意思的现象，如果将机器人与杜甫、李白相比，那就理解有误了。在我看来，微软研发小冰的意图并非让它成为杜甫，华为研发5G产品也并非想让其成为爱因斯坦或牛顿，他们的根本目的是占领市场。AlphaGo团队将其研发的机器人投入市场，是为了实现取代人类智慧的最终目标。因此，我所关心的是小冰下一步商业化之后如何改变我们与下一代对诗歌、文学以及艺术的感受。这一团队以及它的竞争者或许已在基因层面探索人类对文字和音乐的感受，以便研发出的产品能够改变人机关系，我将其称作较为终极的挑战，因为它改变了生命的意义。

可以想象，到那个时代，杜甫将是极少数学院派研究的对象，因为机器已经研发出完全不同的风格，让我们从小就会喜欢这类风格，音乐、美术、戏剧表演等方面都是如此。

在立法领域，一旦机器大规模介入，人类将无法厘清规则，因为每部机器都会将规则无限复杂化，其复杂程度远超人类所能理解的范围，只有利用机器才能与之对抗。

思考与练习

1. 人工智能是一门什么科学？
2. 为什么可以用机器来模仿人的智能？
3. 人工智能的发展阶段有哪些？
4. 人工智能研究包括哪些内容？请举例说明
5. 人工智能未来有哪些研究热点？请举例说明。

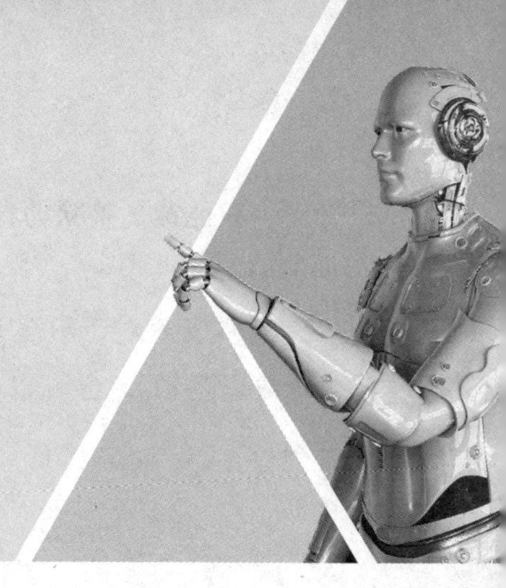

单元二

人工智能基本概念

单元导读

在开始本章学习前，首先请大家思考一个问题，如何使计算机像人类一样获取知识并运用知识？为了让计算机变得智能化，能够模拟人的智能活动，首先要使计算机获得知识。这其中就存在一个问题，因为需要将知识以特定的模式表示出来才能存储到计算机中。带着这个问题，我们进入本单元的学习。

学习目标

1. 了解命题逻辑和谓词逻辑。
2. 了解集合定义；集合的常用表示方法；集合的基本运算。
3. 掌握现代各种表示概念的方法。

学习人工智能，知识是最重要的。知识即为各种概念。概念是人类所认知的思维体系中最基本的构筑单位。人类通过使用各种概念来认知世界和传递信息，从而人与人之间可以通过概念来进行交流。因此能够准确表达概念是非常重要的一项能力。

对概念准确定义是表达概念的先决条件。根据经典定义方法，概念的精确定义即给出一个命题。在这种定义下，一个对象要么属于这个概念，要么不属于这个概念，即为一个二值问题。基于这种定义方法的概念由三部分组成，分别为概念名、概念的内涵表示和概念的外延表示。

概念名是一个表示符号或认知的词语。概念的内涵用一个反映或揭示本质属性的命题来表示。概念的外延用具体实例构成的经典集合来表示。经典概念大多隶属于科学概念。例如偶数：偶数的概念名为偶数；偶数的概念内涵表示为如下命题：只能被 2 整除的自然数；偶数的概念外延表示为经典集合 {0，2，4，6，8，10，…}。

经典概念对于科学研究有极其重要的意义，可以使用其内涵表示来进行计算（数理逻辑），也可以使用其外延表示来进行计算（集合论）。下面将逐一进行介绍。

2.1 数理逻辑

逻辑是研究人的思维的科学。逻辑通常指人们思考问题，从某些已知条件出发推出合理的结论的规律。它包含辩证逻辑和形式逻辑。辩证逻辑是研究人的思维中的辩证法，研究思维内在的语义规律，属于哲学的范畴。形式逻辑是研究人的思维的形式和一般规律，是研究思维外部表现的规律。形式逻辑是一种定格逻辑，主要研究推理。

数理逻辑是用数学方法研究逻辑或形式逻辑的学科，是利用计算的方法来代替人们思维中的逻辑推理过程。所谓“数学方法”，是建立一套有严格定义的符号，即建立一套形式语言，来研究形式逻辑。所以数理逻辑也称为“符号逻辑”。数理逻辑与数学的其他分支、计算机科学、人工智能、语言学等学科均有密切联系。17 世纪的莱布尼茨就曾经设想过能不能创造一种“通用的科学语言”，可以把推理过程像数学一样利用公式来进行计算，从而得出正确的结论。由此可见，数理逻辑的核心是把逻辑数理化，把逻辑运作转化为数学运算。

数理逻辑中两个最基本也是最重要的组成部分，就是“命题逻辑”和“谓词逻辑”。命题逻辑是研究关于命题如何通过一些逻辑连接词构成更复杂的命题以及逻辑推理的方法。所谓命题，是指具有具体意义的、又能判断它是真还是假的陈述句。在自然语言中，并非所有语句都是命题。

（1）欢迎光临！

（2）请关上门！

（3）请问您是？

（4）这个人是男的。

（5）$x+y<1$。

（6）外星人！

（7）两个偶数之和是偶数。

（8）水是白色的。

（9）2100 年人类将在火星上居住。

（10）小明能歌善舞。

（11）如果 a<b 且 b<c，则 a<c。

（12）任何人都会死，苏格拉底是人，所以，苏格拉底是会死的。

（13）如果出太阳，则我去打球。

（14）四边形为平行四边形，当且仅当四边形的一组对边平行且相等。

（15）第一节课上数学课或者上语文课。

（16）第一节课既不上数学课也不上语文课。

在以上这些句子中，（1）～（6）都不是命题，其中（1）（2）（3）（6）不是陈述句。（4）不能判断真假，既不能说其为真又不能说其为假的陈述句称为悖论。（5）的真假值取决于 x 和 y 的取值，不能确定。

（7）～（16）都是命题。对于命题，其对应真假的判断结果称为命题的真值。所以一个命题的真值有两个："真"或"假"。一个命题所做的判断与客观一致，则称该命题的真值为真，记为"1"。一个命题所做的判断与客观不一致，则称该命题的真值为假，即为"0"。与计算机语言中的真假值一致。任何命题的真值唯一。在上面的例子中，（7）是真命题，（8）是假命题。对于（9），虽然现在不知道人类是否能在火星上居住，但是到 2100 年，这个肯定能判断真假，其要么为真，要么为假，并非悖论，因此（9）是命题。虽然（10）～（16）也是命题，但是其复杂度比（7）（8）（9）要高。实际上，作为命题，（7）（8）（9）不能再继续分解成更为简单的命题，这种不能再分解成更简单命题的命题称为简单命题或原子命题。对于命题逻辑，简单命题是基本单位，不能再分解。在日常生活中，常见的命题都是由若干个原子命题通过一些联结词组成的较为复杂的命题，这种命题称为复合命题，如（10）～（16）。

在命题逻辑中，简单命题常用 p、q、r、s、t 等小写字母表示。复合命题则用简单命题和逻辑联结词进行符号化。常用的逻辑联结词有五个——否定联结词、合取联结词、析取联结词、蕴含联结词、等价联结词。具体表示如表 2-1 所示。

表 2-1　5 个常用逻辑联结词及其符号

逻辑联结词	符号
否定联结词	¬

续表

逻辑联结词	符号
合取联结词	$\wedge$
析取联结词	$\vee$
蕴含联结词	$\rightarrow$
等价联结词	$\leftrightarrow$

否定联结词是一元联结词，表示为$\neg$。设p为一个命题，复合命题“非p”（或p的否定）称为p的否定式，记作$\neg p$。$\neg p$的真值与p的真值相反。例如对于命题（8），p表示水是白色的，其真值为假，$\neg p$表示水不是白色的，其真值为真。需要注意的是，在自然语言中，否定联结词一般用“非”或“不”等表示，但不是自然语言中所有的“非”“不”都对应否定联结词。否定联结词对应真值表如表2-2所示。

表 2-2　否定联结词对应真值表

p	$\neg p$
0	1
1	0

合取联结词为二元联结词，其符号如表2-1所示，为$\wedge$。设p，q为两个命题，复合命题“p并且q”（或“p与q”）称为p与q的合取式，记作$p\wedge q$。规定$p\wedge q$为真当且仅当p与q同时为真。在自然语言中，合取联结词对应相当多的连词，如“并且”“既……，又……”“不但……而且……”“尽管……还……”“和”“与”“同”“以及”“而且”等都表示两件事情同时成立。同样需要注意的是，不是所有的“与”“和”都对应合取联结词，比如“大乔和小乔是姐妹”。合取联结词对应真值表如表2-3所示。

表 2-3　合取联结词对应真值表

p	q	$p\wedge q$
0	0	0
0	1	0
1	0	0
1	1	1

析取联结词为二元联结词，其符号为$\vee$。设p，q为两个命题，复合命题“p或者q”称为p与q的析取式，记作$p \vee q$。规定$p \wedge q$为假当且仅当p与q同时为假。特别需要注意的是，自然语言中的“或者”与析取联结词不完全等价，自然语言中的“或者”可以表示“排斥或”，也可以表示“可兼或”，由于“$\vee$”允许p，q同时为真，因此析取联结词是“可兼或”。析取联结词对应真值表如表 2-4 所示。

表 2-4　析取联结词对应真值表

p	q	$p \vee q$
0	0	0
0	1	1
1	0	1
1	1	1

蕴含联结词为二元联结词，其符号为→。设p，q为两个命题，复合命题“如果p则q”称为p与q的蕴含式，记作$p \rightarrow q$。规定$p \rightarrow q$为假当且仅当p为真且q为假，其内在逻辑关系为p是q的充分条件，q是p的必要条件。充分条件是指只要条件成立，结论就成立，即条件是结论的充分条件。例如“缺少氧气”就是“动物会死亡”的充分条件。必要条件是指如果条件不成立则结论也不成立，即条件是结论的必要条件。例如“动物死亡”是“缺少氧气”的必要条件（动物未死亡，则一定不缺少氧气）。在自然语言中，常会出现的语句如“只要p就q”“因为p所以q”“p仅当q”“只有q才p”“除非q才p”等都可以表示为$p \rightarrow q$的形式。需要注意的是，在日常生活中，$p \rightarrow q$中的前后件往往存在某种内在关系，而在数理逻辑中并不要求前后件存在联系。例如“如果雪是黑色的，则太阳从西方升起。”蕴含联结词对应真值表如表 2-5 所示。

表 2-5　蕴含联结词对应真值表

p	q	$p \rightarrow q$
0	0	1
0	1	1
1	0	0
1	1	1

等价联结词为二元联结词，其符号为↔。设 p，q 为两个命题，复合命题“p 当且仅当 q”称为 p 与 q 的等价式，记作 $p \leftrightarrow q$。规定 $p \leftrightarrow q$ 为真当且仅当 p 与 q 同时为真或同时为假。其内在的逻辑关系为 p 与 q 互为充要条件。可以看出，$(p \to q) \wedge (q \to p)$ 等价于 $p \leftrightarrow q$，两者都表示 p 与 q 互为充要条件。等价联结词对应真值表如表 2-6 所示。

表 2-6　等价联结词对应真值表

p	q	$p \leftrightarrow q$
0	0	1
0	1	0
1	0	0
1	1	1

通过采用命题表示方法和表 2-1 中的逻辑联结词，可以将命题符号化。以本节开头的命题（7）～（16）为例。

（7）令 p：两个偶数之和是偶数。

其真值为 1。

（8）令 p：水是白色的。

其真值为 0。

（9）令 p：2100 年人类将在火星上居住。

其真值确定，现在未知。

（10）令 p：小明会唱歌。q：小明会跳舞。

则原命题可以符号化为 $p \wedge q$。

（11）令 p：$a<b$。q：$b<c$。r：$a<c$。

则原命题可以符号化为 $(p \wedge q) \to r$。

（12）令 p：任何人都会死。q：苏格拉底是人。r：苏格拉底是会死的。

则原命题可以符号化为 $(p \wedge q) \to r$。

（13）令 p：出太阳。q：我去打球。

则原命题可以符号化为 $p \to q$。

（14）令 p：四边形为平行四边形。q：四边形的一组对边平行且相等。

则原命题可以符号化为 $p \leftrightarrow q$。

（15）令 p：第一节课上数学课。q：第一节课上语文课。

则原命题可以符号化为 $p \vee q$。

（16）令 p：第一节课不上数学课。q：第一节课不上语文课。

则原命题可以符号化为 $\neg p \vee \neg q$。

上述例子明确展示了通过逻辑联结词将命题符号化，能够使其在命题范围进行推理和计算。

然而，命题逻辑存在其局限性。例如（12）所示的经典的苏格拉底三段论，众所周知，这是个真命题。但是在命题逻辑中 $(p \wedge q) \rightarrow r$，不能推断出命题恒为真。原因是，在命题逻辑中，一个原子命题只用一个字母表示，而不再对句子成分细分。没有考虑命题之间的内在联系和数量关系，这样会导致一些逻辑问题无法解决，其解决办法是对命题再次细分，在表示命题时，既表示出主语，也表示出谓语，就可以解决上述问题，即谓词逻辑。

在谓词逻辑中，主语宾语都对应于研究对象中可以独立存在的具体或者泛指的客体称为个体词。表示特定的、具体的、客体的个体词称为个体常项，常用小写英文字母 a，b，c 等表示，例如苏格拉底、水、太阳。表示泛指的个体词称为个体变项，常用 x，y，z 等表示。例如人、偶数、四边形。在反映判断的句子中，用以刻画个体词的性质或关系的即是谓词，常用大写字母 F，G，H 等表示。例如，“是偶数”“是白色的”“与……相同”均为谓词。前两个是指明个体词性质的谓词，最后一个是指明两个个体词之间关系的谓词。与个体词类似，谓词也分为谓词常项和谓词变项。一般的，含有 $n(n \geqslant 1)$ 个个体变项 x_1，x_2，…，x_n 的谓词 F 称为 n 元谓词，记作 $F(x_1, x_2, \cdots, x_n)$。表示 x_1，x_2，…，x_n 具有关系 F，可以将 n 元谓词理解为定义域为个体域，值域为 $\{0, 1\}$ 的 n 元函数或者关系。通常将没有个体变项的谓词称为 0 元谓词，0 元谓词就是命题。

在建立个体变项与个体常项之间的数量替代关系时，使用量词来表示。谓词逻辑包含全称量词和存在量词两种。

全称量词，通常表示“每个”“一切”“所有”“任何”“凡是”“全都”等，记作 $\forall$。例如 $\forall x$ 表示个体域内所有的 x。

存在量词，通常表示“某个”“对于一些”“存在一些”“至少有一个”等，记作 $\exists$。例如 $\exists x$ 表示个体域内存在一些 x。

通过谓词逻辑，可以将命题（7）～（16）谓词符号化。

（7）令 $F(x)$：x 是偶数。则原命题可以谓词符号化为 $\forall x \forall y(F(x) \wedge F(y) \rightarrow F(x+y))$。

（8）令 a：水 $F(x)$：x 是白色的。则原命题可以谓词符号化为 $F(a)$。

（9）令 a：人 $F(x)$：2100 年 x 在火星居住。则原命题可以谓词符号化为 $F(a)$。

（10）令 a：小明 $F(x)$：x 会唱歌。$G(x)$：x 会跳舞。则原命题可以谓词符号化为 $F(a) \wedge G(a)$。

（11）令 a：ab：bc：$cF(x, y)$：$x<y$。则原命题可以谓词符号化为 $(F(a, b) \wedge F(b, c)) \rightarrow F(a, c)$。

（12）令 a：苏格拉底 $F(x)$：x 会死。$G(x)$：x 是人。则原命题可以谓词符号化为 $(\forall x G(x) \rightarrow F(x)) \wedge G(a) \rightarrow F(a)$。

（13）令 a：天 b：我 $F(x)$：x 出太阳。$G(x)$：x 去打球。则原命题可以谓词符号化为 $F(a) \rightarrow G(b)$。

（14）令 a：四边形 $F(x)$：x 为平行四边形。$G(x)$：x 对边平行。$H(x)$：x 对边相等。则原命题可以谓词符号化为 $F(a) \leftrightarrow G(a) \wedge H(a)$。

（15）令 a：第一节课 $F(x)$：x 上数学课。$G(x)$：x 上语文课。则原命题可以谓词符号化为 $F(a) \vee G(a)$。

（16）令 a：第一节课 $F(x)$：x 上数学课。$G(x)$：x 上语文课。则原命题可以谓词符号化为 $\neg F(a) \vee \neg G(a)$。

通过上述例子明确展示了通过谓词、个体词和量词将命题符号化，能够使其在谓词逻辑范围进行推理和计算。

综合上述知识，当概念的内涵表示为命题时，概念之间的组合运算可以通过数理逻辑进行。

2.2 集合论

定义是揭示概念内涵的逻辑方法。但当一个概念的内涵不易揭示时，可以考虑采用以概念外延类来代表概念的方法明确概念。概念的外延类是指该概念全体外延所组成的集合。概念的集合是由概念指称的所有对象组成的整体。这些对象为集合的元素或成员。集合的名称即为概念名。例如，一元二次方程 $x^2-1=0$ 的解对应的集合、质数集合、偶数集合等。集合通常用大写英文字母表示。例如，自然数集 N，有理数集 Q，实数集 R，复数集 C，整数集 Z，正整数集 N^+ 等。

集合有三种常用的表示方法：枚举表示法、谓词表示法和文氏图。

（1）枚举表示法，即把集合中的元素一一列举出来，并用逗号隔开写在大括号内表示集合。例如，由一元二次方程 $x^2-1=0$ 的所有解组成的集合，可以表示为

{-1，1}。从 1 到 100 的所有整数组成的集合可以表示为 {1，2，3，…，100}。

（2）谓词表示法是用谓词来描述集合中的元素的属性，其中用来描述属性的谓词是与集合所对应的概念的内涵表示，即概念命题表示的谓词符号化中的谓词。谓词表示法通常也被称为描述法。用确定的条件表示某些对象是否属于这个集合，并把这个条件写在大括号内表示集合的方法。例如，不等式 $x-3>2$ 的解集可以表示为 $\{x \in R | x>5\}$。所有直角三角形的集合可以表示为 {x|x 是直角三角形 }。

（3）文氏图，也称维恩图。通常将问题所考虑的对象的集合 U 称为全集。将全集用长方形表示，圆或其他集合图形用于表示集合，点表示集合中特定的元素。文氏图通常用于表示集合之间的关系。图 2-1 所示为集合 A 和集合 B 的文氏图。

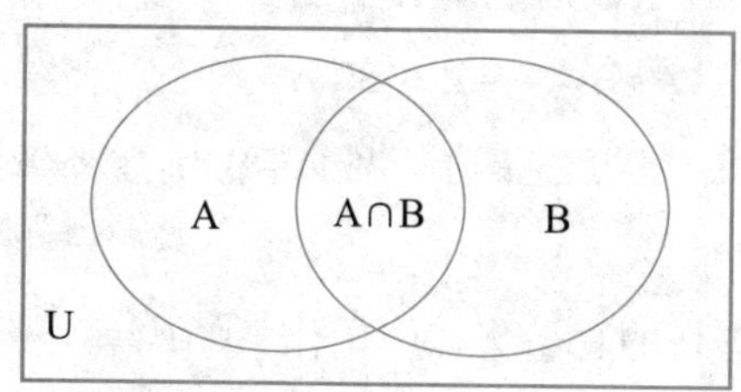

图 2-1　集合 A 和集合 B 的文氏图

需要注意的是，集合具有三个特性：确定性、互异性和无序性。所谓确定性，即给定一个集合，任给一个元素，该元素或者属于或者不属于该集合，二者必居其一，不允许有模棱两可的情况出现。所谓互异性，即在一个集合中，任何两个元素都认为是不相同的，即每个元素只能出现一次。有时需要对同一元素出现多次的情形进行刻画，可以使用多重集，其中的元素允许出现多次。所谓无序性，即在一个集合中，每个元素的地位都是相同的，元素之间是无序的。集合上可以定义序关系，定义了序关系后，元素之间就可以按照序关系排序。但就集合本身的特性而言，元素之间没有必然的序。因此，若两个通过枚举法表示的集合中的元素完全相同，而只有元素的位置顺序不同时，则认为这两个集合是完全等价的，即为同一集合。但是，并非所有集合都可以通过枚举表示法表示。

集合中的元素都可以看作集合。元素和集合之间的关系是隶属关系，即属于（记作 ∈）或者不属于（记作 ∉）。例如集合 A={a，{a，b}，{a}}。在这个集合中，a∈A，{a，b}∈A，{a}∈A，但是 b∉A。

定义 2-1　如果 A、B 是两个集合，且 A 中的任意元素都是集合 B 中的元素，则称集合 A 是集合 B 的子集合，简称子集。这时也称 A 被 B 包含，或者 B 包含 A，记作 $A \subseteq B$。

相应的，如果 A 不被 B 包含，则记作 $A \nsubseteq B$。

包含的谓词符号化为：$A \subseteq B \Leftrightarrow \forall x(x \in A \rightarrow x \in B)$。

需要注意的是，隶属关系和包含关系都是两个集合之间的关系，并且对于某些集合可以同时存在。例如集合 A={a，{a，b}，{a}}。在这个集合中，既有 {a，b}∈A，也有 {a，b}⊆A。前者认为它们是不同层次的集合，后者认为它们是同一层次的集合，这两种在逻辑上都是合理的。

定义 2-2 如果 A、B 是两个集合，且 A⊆B 与 B⊆A 同时成立，则称 A 与 B 相等，记作 A=B。

相应的，如果 A 不等于 B，则记作 $A \neq B$。

相等的符号化表示为：$A=B \Leftrightarrow A \subseteq B \wedge B \subseteq A$。

定义 2-3 如果 A、B 是两个集合，且 A⊆B 与 $B \neq A$ 同时成立，则称 A 是 B 的真子集，记作 $A \subset B$。

相应的，如果 A 不是 B 的真子集，则记作 $A \not\subset B$。

真子集的符号化表示为：$A \subset B \Leftrightarrow A \subseteq B \wedge B \neq A$。

例如：集合 A={a，{a，b}，{a}}。{a，b}⊂A，A⊄A。

定义 2-4 不含任何元素的集合叫作空集。记作 ∅。

空集的符号化表示为：$\varnothing=\{x|x \neq x\}$。

例如，$\{x \in R|x^2+1=0\}$。

定理 2-1 空集是一切集合的子集。

推论：空集是唯一的。

定义 2-5 集合 A 的全体子集构成的集合叫作集合 A 的幂集，记作 $P(A)$。因此，如果 A 为 n 元集，则 $P(A)$ 有 2^n 个元素。

定义 2-6 在一个具体问题中，如果涉及的集合都是某个集合的子集，则称该集合为全集，记作 E。

通常，对于不同的问题，全集的定义不同。特别的，即使对于同一个问题，能够解决问题的全集也可能不止一个。一般来说，全集的大小对于问题的描述和处理影响很大，全集小的问题的描述和处理会相对简单一些。

集合是概念的外延表示，由于概念之间存在运算关系，因此，集合也存在相应的运算过程。集合有四种基本集合运算：并、交、对称差和相对补。

定义 2-7 设 A、B 为集合，A 与 B 的并集 $A \cup B$，交集 $A \cap B$，对称差 $A \oplus B$，

B 对 A 的相对补集 A−B 可分别定义如下，图 2−2 ～图 2−6 分别展示了对应运算的文氏图：

$A\cup B=\{x|x\in A\vee x\in B\}$ $A\cap B=\{x|x\in A\wedge x\in B\}$

$A\oplus B=\{x|(x\in A\cup B)\wedge(x\notin A\cap B)\}$ $A-B=\{x|x\in A\wedge x\notin B\}$

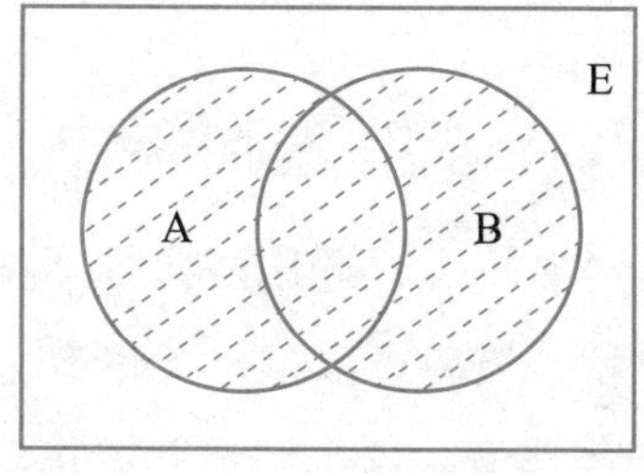

图 2−2　A∪B 的文氏图

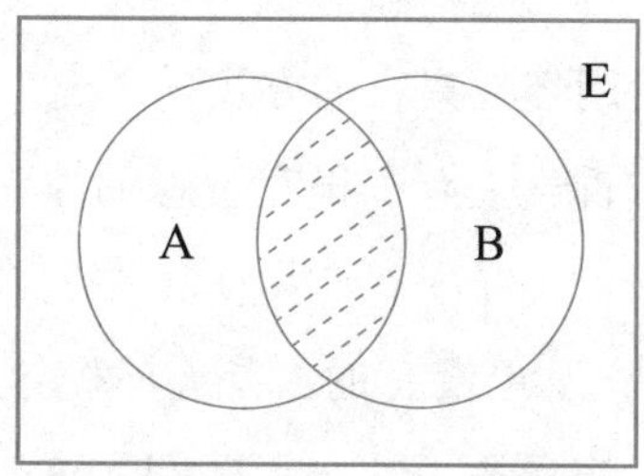

图 2−3　A∩B 的文氏图

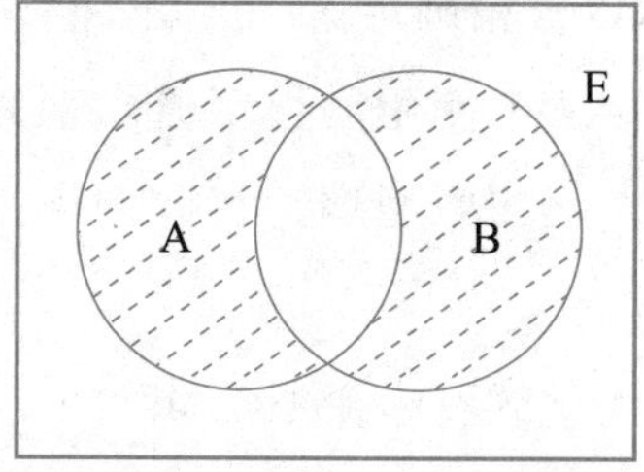

图 2−4　A ⊕ B 的文氏图

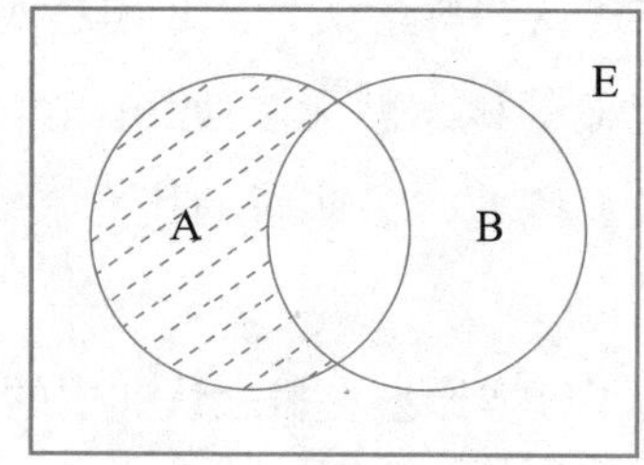

图 2−5　A−B 的文氏图

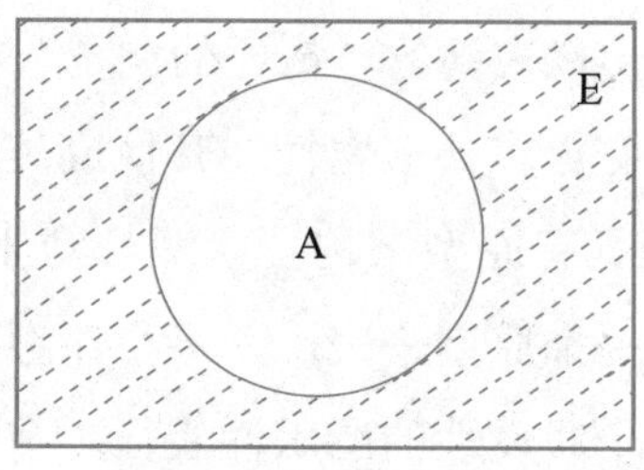

图 2−6　~A 的文氏图

如果 $A\cap B=\varnothing$，则称 A 和 B 互不相交。

在给定全集 E 后，$A\subseteq E$，A 的绝对补集 ~A，是那些在全集 E 的范围内不属于集合 A 的元素所构成的集合，可定义为如下：

$\sim A=E-A=\{x|x\in E\wedge x\notin A\}$，E 为全集。

利用上述的集合基本运算可以具体计算集合之间的并、交、对称差、相对补和绝对补。因此，当概念的外延表示为经典集合时，概念之间的运算可以转化为集合之间的运算。

2.3 用现代方法表示概念

概念的经典理论将概念定义为一个命题作为其内涵表示，并用经典集合作为其外延表示。但是在现实生活中，很多概念都不能被经典概念所表示，比如善、恶、美、丑等。这些概念很难给出一个命题来对其进行定义，更无法直接将其对应的实际对象用经典集合的方式列举出来。

在哲学上有个很有意思的悖论，叫“秃子悖论”。其中，一根头发也没有的人，被称为“秃子”。如果假设“秃子”这个概念是经典概念，运用经典推理技术，从“一根头发也没有的人是秃子”这个基准论断出发，最后可以推出无论有多少根头发的人都是秃子。毫无疑问，这个“秃子”属于经典概念这个假设并不正确。通过“秃子悖论”可以很清楚地表明经典概念这一局限性。

现代认知科学认为，并不是所有的概念都可以被精确定义。但是不代表无法被精确定义的概念就无法使用。事实上，在日常生活中使用的很多概念都无法被精确定义。因此，一些新的概念表示理论被提出，比如原型理论、样例理论和知识理论。

为了证实原型在概念认知中的作用，伯克雷大学的罗施在 1975 年做了一个关于“鸟”的范畴的实验。她要求学生根据鸟的属性将鸟按 1 ～ 7 级程度划分：1 表示最像鸟，7 代表鸟族中最坏的例子。她发现，大多数人能够完成实验并在划分时达成最大的一致性。每组都能指出代表鸟的“最好的例子”，罗施称之为“原型”。美国人认为知更鸟比其他成员具有更多共享属性，其他成员与原型具有不同程度的相似性或典型性。这说明鸟范畴具有原型结构。原型是物体范畴最好、最典型的成员。原型理论认为一个概念可由一个原型来表示。一个原型既可以是一个实际的或者虚拟的对象样例，也可以是一个假设性的图示性表征。在原型理论中，概念中的对象对于概念的隶属度并不等于 1，这个值取决于对象与原型的相似程度。

生活中存在很多这种边界模糊的概念。比如秃子、漂亮、累了等。诸如此类的概念，无法给出准确边界。针对这一问题，扎德于 1965 年提出了模糊集合这一概念，与经典集合有所不同，模糊集合中对象属于集合不再是二值特征函数，而是一个介于 0 和 1 之间的实数。在此基础上发展出的模糊逻辑可以解决前述的秃子悖论问题。

然而，原型理论也不是普适的，也具有局限性。因为概念的原型并不都是很容易找到的。概念原型的确定通常需要辨识同一概念的很多对象，或者事先存在可展

示的原型。显然，这两种情况不一定对于所有概念都满足。

但是，要找到概念的原型也不是简单的事情。一般需要辨识属于同一个概念的许多对象，或者事先有原型可以展示才可能。但这两个条件并不一定存在。20 世纪 70 年代儿童教育学家通过观察发现，一个儿童只需要认识同一个概念的几个样例，就可以对这几个样例所属的概念进行辨识，但其并没有形成相应概念的原型。据此，又提出了概念的样例理论。

茹什认为，自然概念的形成以样例学习为主，即在掌握自然概念时，不是掌握它的一个或者几个本质特征，而是对概念样例的记忆。记忆中有代表性的一个或者几个样例就是概念的存在形式，即最能代表该范畴的典型成员。样例理论认为概念不可能由一个对象样例或者原型来代表，但是可以由多个已知样例来表示。因为一两岁的婴儿通过接触很少量的人已经可以正确辨识什么是人，即已经形成“人”这一概念。由于接触量很少，所以其不可能形成“人”这一概念的原型。在样例理论中，概念的样例表示通常有三种不同形式：由该概念的所有已知样例来表示；由该概念的已知最佳、最典型或者最常见的样例来表示；由该概念经过选择的部分已知样例来表示。一个样例属于哪个概念取决于该样例与概念的样例表示的相似程度。

知识理论认为概念是特定知识框架的一个组成部分，单一概念不可能独立于特定的文明之外而存在。认知科学总是假设概念在人的心智中是存在的，概念在人心智中的表示称为认知表示，其属于概念的内涵表示。需要注意的是，不同的概念可能具有不同的内涵表示，可能是上述几种表示方法中的一种，也可能是其他的认知表示。需要根据实际情况研究一个具体的概念到底是哪一种表示。

拓展阅读

在当今这个人工智能不断取得突破的时代，人工智能带来的风险也与日俱增。比如，当工业机器人和工人一起工作时，如何保证机器人不误伤工人？当街上的无人驾驶汽车越来越多时，如何保证无人驾驶汽车不被恐怖分子中的黑客入侵，变成杀人工具？当服务机器人或机器宠物掌握了主人的无数隐私时，如何保证这些隐私不被窃取，或者不被机器人的制造商非法利用？因此，很有必要将“良知”注入机器人“内心”，从技术底层保证所有的机器人从根本上是“善良”的。下面列出了实现这一目标的几点初步思考，抛砖引玉，期待能引发读者更多的思考和行动。

从根本上说，政府应该立法，规定机器人（包括任何有行动能力的人工智能系统、自动驾驶汽车和无人机）必须强制内置“良知”程序，以保证机器人不伤害人类和社会。所有未内置“良知”程序的机器人，每一个个体都需在国家相关部门注册备案。机器人伤人或造成其他损失，制造商都应当负主要的法律责任。多个国家立法后，可以建立国际公约来进一步规范。

所谓“良知”程序，可以由许多条“善良”的“价值观”组成，这些价值观可以包括但不限于不伤害人类、不泄露主人隐私、遭遇黑客攻击时报警等。

应该用技术手段保证“良知”程序不可被篡改。从技术角度说，机器人出厂时，操作系统的核心部分和“良知”程序的核心部分应该被写入只读存储器（ROM），同时将只读存储器密封在不可被拆卸的地方，以保证永远不可被篡改。对需要不断升级的部分，可以考虑用区块链等技术保证更新的安全性。机器人和机器人的主人通过校验码等方式经常检查“良知”程序的正确性，如果发现异常，机器人在报告主人及警方后自动停机，并锁定开机功能。

例如，“不伤害人类”这一条“价值观”，可以通过以下几个功能来实现。

（1）机器人做任何“动作”前，自动引发硬件中断，强制启动“良知”程序，进行相关安全性检查。

（2）“良知”程序检查“动作”涉及的环境中是否有人，如果有人，启动“动作”对人影响的评估，评估结果是“有伤害”或“不确定”时，立即停止将进行的“动作”，只有评估结果是“无害”时，才允许“动作”进行。

（3）如果“动作”执行后，仍出现伤害人类的结果，说明评估程序有严重缺陷。机器人应在报告主人、制造商及警方后自动停机，并锁定开机功能。制造商应立即启动对“良知”程序的检查，如有必要，需尽快停机并召回所有同一型号的机器人。

为了不增加机器人制造商的负担，“良知”程序可以由政府资助的科研机构或大学研发，并且开放源代码，以接受公众的检查。

用“良知”来命名机器人中的道德程序，是受阳明心学“致良知”的启发，现用王阳明先生的4句教导来为人工智能的“善良”“界定”吧：无善无恶心之体，有善有恶意之动。知善知恶是良知，为善去恶是格物。

思考与练习

一、判断下列语句是否为命题？如果是，请写出对应的符号化形式。

1. 人工智能好学吗？

2. 如果太阳从东边出来，那么人都会死。

3. 人工智能要么好学，要么不好学。

4. 两个偶数之和是偶数。

二、思考下列事物的原型。

1. 蔬菜。

2. 水果。

3. 冰激凌。

4. 运动员。

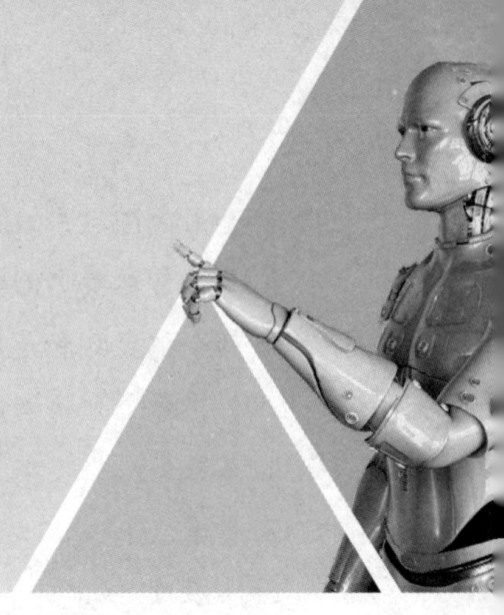

单元三 知识表示

单元导读

知识是智能的基础，知识应用的难点在于知识推理，知识推理的难点在于知识表示。要让计算机具有人类智能，就得让它具有知识。然而计算机并不能很好地理解人类的知识，这就需要将人类的知识用适当的模式来表示，才能让计算机具备智能，因此知识表示是基于知识的人工智能应用中的核心部分。

学习目标

1. 了解经典知识的概念、特性以及知识表示的概念。
2. 掌握常见的知识表示方法。

3.1 知识与知识表示的概念

计算机具备智能必定要有知识储备，而日常生活中的知识不能被计算机很好地理解，这便需要将知识用最合适的方法表达出来，再把若干技术结合起来，以形成功能强大的系统，高效率地求解智能问题。

3.1.1 知识的概念

知识是人类在长期的生活实践中以及科学研究实验中累积起来的，是对客观世界的认识及经验。把有关信息关联在一起所形成的信息结构称为知识。信息之间有多种关联形式，用得最多的一种是用“如果……，则……”表示的关联形式。在人工智能中，这种知识被称为“规则”，它反映了信息间的某种因果关系。例如人类知

识中“燕子低飞蛇过道，大雨不久就来到”，转化为能让计算机理解的模式，可得到以下知识：如果燕子低飞蛇过道，则快要下大雨。

还有一种知识被称为“事实”，例如“老虎是动物”，这个知识表达了“老虎”与“动物”之间的关系。

3.1.2 知识的特性

1. 相对正确性

知识是人类对客观世界认识的结果，并且受到长期实践的检验。因此我们可以认为，在一定的条件及环境下，知识是正确的。注意，这里的“一定的条件及环境”必不可少，这也是知识正确性的前提。例如“三角形内角和为 180° ”，这个知识在平面上就是正确的，但如果三角形放到一个曲面上，就是不正确的。

在人工智能中，知识的相对正确性尤为重要。在建造专家系统时，为了减少知识库的规模，通常将知识限制在所求解问题的范围内。通俗来说，就是知识对所求解问题时是正确的就行。比如在一个动物识别系统中，仅仅识别老虎、猫、猫头鹰这三种动物时，仅靠着知识“如果该动物会飞，则该动物是猫头鹰”就是正确的。

2. 不确定性

在现实世界中，信息不一定是准确的，关联也不一定是确定的。这就使得知识并不总是只有“真”与“假”两种状态，而是在“真”与“假”之间还存在许多中间状态。知识的这一特性称为不确定性。造成知识具有不确定性的原因是多方面的，主要有：

（1）由随机性引起的不确定性。

由随机事件形成的知识不能直接用“真”与“假”来刻画，因为它是不确定的。例如，“如果出现头疼和流鼻涕的症状，则有可能患了感冒”这条知识，其中的“有可能”反映的便是“头疼和流鼻涕”与“患了感冒”之间的一种不确定的因果关系。

（2）由模糊性引起的不确定性。

由于有些事物本身的概念不清楚，或者事物之间存在着模糊关系，我们无法判断它们是否为“真”还是“假”，像这样由模糊概念、模糊关系所形成的知识显然就是不确定的。例如健康的人和不健康的人并没有明确的划分，健康是一个模糊的定义，我们要判断一个人是否健康，便是不确定的。

（3）由经验引起的不确定性。

知识大多数是专家学者在长期的实践及研究中累积起来的。就如同临床医学一样，在面对相同的病例，多数情况下医生可以根据自己的临床经验来让患者治愈，但并不是每次都用相同的知识就能解决。经验本身就蕴含着不确定性及模糊性，这也形成了知识的不确定性。

（4）由不完全性引起的不确定性。

知识实际上有一个逐步完善的过程，当客观事物表露得不充分，人们对它的认识就不够全面。这样的知识便是不确定的。例如，盲人摸象，象是确定的，但每个人遮住眼睛，无法直观地观察象，得到的知识显然是不全面的，这也导致了盲人对象的不确定性。不完全性是使知识具有不确定的一个重要原因。

3. 可表示性与可利用性

知识的可表示性是指知识可以通过适当形式表示，如我们可以用语言文字等来表示知识，这样知识才能被存储和传播。知识的可利用性更简单、更易理解，每个人每天都在利用知识解决生活中的各种问题，这便体现了知识的可利用性。

3.1.3 知识表示的概念

知识表示（knowledge representation）就是将人类知识形式化或者模型化。知识表示是对知识的一种描述，或者说是一种规定，一种计算机可以接受的用于描述知识的数据结构。通过知识表示，计算机可以存储并运用人类知识，进而形成人工智能。

同一个知识可以有多种表示方法，但不同表示方法效果却不一样。并不是每种方法对任何智能问题都合适，面对具体的问题用哪种知识表示方法更好，要因问题而异。

选择知识表示方法的原则有：（1）充分表示领域知识；（2）有利于对知识的利用；（3）便于对知识的组织、维护与管理；（4）便于理解与实现。

3.2 知识表示方法

经过国内外学者的共同努力，已经有许多知识表示方法得到了深入的研究。目前人工智能的知识表示法有逻辑表示法、产生式表示法、框架表示法、语义网络表示法、状态空间表示法以及脚本表示法。在接下来的内容中将予以具体介绍和分析。

3.2.1 逻辑表示法

逻辑本身根据复杂性从简单到复杂分为：命题逻辑、一阶谓词逻辑、高阶逻辑。

这里先了解一下命题。命题即非真即假的陈述句，它定义了具有真假值的原子命题。若命题的意义为真，称它的真值为真，记为 *T*。若命题的意义为假，称它的真值为假，记为 *F*。除此之外，还可以通过与（∧）、或（∨）、非（¬）、蕴含（⇒）、当且仅当（⇔）等逻辑连接符将多个原子命题组合成复合命题，这些逻辑连接符可以将一些原子命题组合成现实中的复杂知识。为了避免运算的歧义，命题逻辑还定义了不同的连接词和操作符的优先级关系，例如非（¬）具有最高优先级。逻辑连接符根据真值表运算组合命题的真假值，真值表如表 3-1 所示。

表 3-1　真值表

X	Y	¬X	X∧Y	X∨Y	X⇒Y	X⇔Y
T	T	F	T	T	T	T
F	T	T	F	T	T	F
T	F	F	F	T	F	F
F	F	T	F	F	T	T

接下来介绍谓词逻辑，谓词逻辑可分为一阶谓词逻辑和高阶谓词逻辑。由于高阶谓词逻辑过于复杂，实践中应用很少，本书不做详细介绍。

一阶谓词逻辑在命题逻辑的基础上增加了量词的概念，即全称量词（∀）和存在量词（∃）。一阶逻辑的基本语法元素是表示对象、关系和函数的符号。其中对象对应常量符号，通常指一些事物的个体或类别，如老虎、苹果、叶子等。关系对应谓词符号，指的是一种映射，例如“朋友”便是一个谓词，对于对象“小明”，朋友（小明，x）是谓词对对象的操作，其中 x 可以是小明的一个或多个朋友，也可以为空。与谓词不同，函词是代表全函数的一种特殊的谓词形式，它要求每一个定义域的对象具有一个映射值，例如“国籍”就是一个函词，因为一般情况下每个人的国籍有且仅有一个。

相比于命题逻辑，谓词逻辑的优势可以表达对象集合的属性，而不用逐一列举所有对象，通过量词能够实现对对象集合的描述。

全称量词（∀）表示集合的全部，∀ 通常读作“对于所有的……”，存在量词（∃）表示集合中至少存在一个对象，∃ 通常读作“存在有……”，这一对象并不需要显式表示出来。下面用几个例子来进行说明。

例如所有一班的同学都是小明的朋友，如果仅用逻辑命题来表示，朋友（小明，

Y)，Y 表示一班的所有同学的集合，这样表示过于复杂。用全称谓词便可以很方便地表示出来：

∀x 一班 (x)⇒x 是小明的朋友

这里的 x 称为变量，一般用小写字母表示。形式化地，对于任意的含有 x 的逻辑表达式 P，语句 ∀xP 表示对于每一个对象 x，P 为真。

同理，若我们用全称谓词来表示二班有一些同学是小明的朋友，表示如下：

∃x 二班 (x)⇒x 是小明的朋友

形式化地，对于任意的含有 x 的逻辑表达式 P，语句 ∃xP 表示至少存在一个对象 x，使 P 为真。

这两个量词之间也存在着相互转变的关系，主要依靠否定词来实现，它们遵循如下的德摩根定律：

$$\forall x \neg P \equiv \neg \exists x P \neg (P \vee Q) \equiv \neg P \wedge \neg Q$$

$$\neg \forall x P \equiv \exists x \neg P \neg (P \wedge Q) \equiv \neg P \wedge \neg Q$$

$$\forall x P \equiv \neg \exists x \neg P P \vee Q \equiv \neg (\neg P \wedge \neg Q)$$

$$\exists x P \equiv \neg \forall x \neg P P \wedge Q \equiv \neg (\neg P \vee \neg Q)$$

命题逻辑和一阶谓词逻辑是人工智能领域使用最早的、最广泛的知识表示方式。在命题逻辑的基础上，引入量词和变量使其能够描述更抽象的知识，便于知识推理，而且使用谓词逻辑表示的知识容易转化成计算机的内部形式。逻辑表示能够保证知识表示的一致性，也能够确保推理结果的正确性。但是谓词无法表示不确定性的知识，而且当知识中的属性、谓词和命题数量增大时，以及盲目使用推理规则，可能形成组合爆炸问题，计算复杂性呈指数级增长态势，工作效率低下。

3.2.2 产生式表示法

产生式通常用于表示事实、规则以及它们的不确定性度量，适合于表示事实性知识和规则性知识。

1. 确定性规则的产生式表示

确定性规则的产生式表示的基本形式为：IF *P* THEN *Q* 或者 $P \rightarrow Q$。

其中，*P* 是前提，用于指出该产生式是否可用的条件；*Q* 是一组结论或操作，用于指出当前提 *P* 所指出的条件被满足时，应该得出的结论或应该执行的操作。整个产生式的含义是：如果前提 *P* 被满足，则结论 Q 成立或执行 *Q* 所规定的操作。例如：

r_1：IF 动物会飞 AND 会下蛋 THEN 该动物是鸟。

其中，r_1是该产生式的编号；“动物会飞 AND 会下蛋”是前提 P；“该动物是鸟”是结论 Q。

2. 不确定性规则的产生式表示

不确定性规则的产生式表示的基本形式为：IF P THEN Q（置信度）或者 $P \rightarrow Q$（置信度）。

例如：IF 发烧 THEN 感冒（0.6），它表示当人发烧的时候，结论是人就会感冒，可以相信的程度为 0.6。

3. 确定性事实的产生式表示

确定性事实一般用三元组表示：（对象，属性，值）或者（关系，对象 1，对象 2）。

例如，“小明年龄为 14 岁”表示为（Xiaoming，Age，14），“小明和小刚是好朋友”表示为（Friend，Xiaoming，Xiaogang）。

4. 不确定性事实的产生式表示

不确定性事实一般用四元组表示：（对象，属性，值，置信度）或者（关系，对象 1，对象 2，置信度）。

例如，“小明年龄很可能为 14 岁”表示为（Xiaoming，Age，14，0.9），这里的 0.9 表示可能性很高。

产生式不仅可以表示精确知识，而且可以表示不精确知识。这是因为在产生式表示知识的系统中，事实与一条规则的前提条件的匹配可以是不精确的。

把一组产生式放在一起，让它们互相配合，协同作用，一个产生式生成的结论可以供另一个产生式作为已知事实使用，以求得问题的解决，这样的系统称为产生式系统。一般来说，一个产生式系统由三部分组成：规则库、综合数据库、推理机。它们之间的关系如图 3-1 所示。

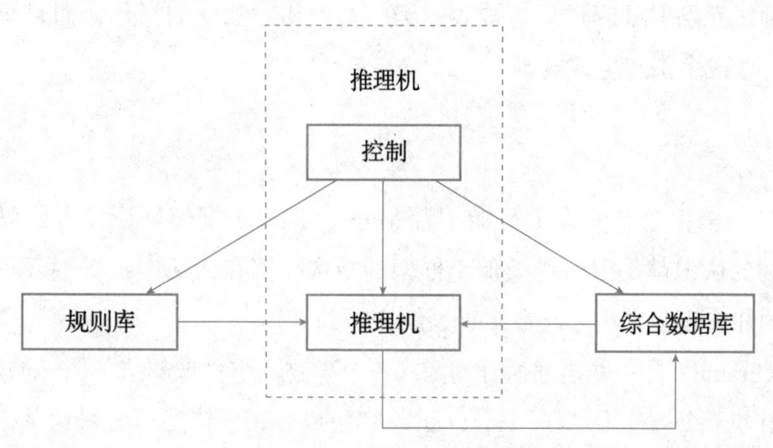

图 3-1　产生式系统的基本结构

规则库：用于描述相应领域内知识的产生式集合。规则库是产生式系统求解问题的基础，所以需要对规则库的知识进行合理的组织和管理，保持知识的一致性。

综合数据库（事实库、上下文、黑板等）：一个用于存放问题求解过程中各种当前信息的数据结构。

推理机：由一组程序组成，除了推理算法，还负责整个产生式系统的运行，实现对问题的求解，具体工作如下：

（1）从规则库中选择与综合数据库中的已知事实进行匹配。

（2）匹配成功的规则可能不止一条，进行冲突消解。

（3）执行某一规则时，如果其右部是一个或多个结论，则把这些结论加入综合数据库中；如果其右部是一个或多个操作，则执行这些操作。

（4）对于不确定性知识，在执行每一条规则时还要按一定的算法计算结论的不确定性。

（5）检查综合数据库中是否包含了最终结论，决定是否停止系统的运行。

产生式适合于表达具有因果关系的过程性知识，具有表达直观，便于推理，能够表达确定性和不确定性知识等优点。但是产生式也有着效率不高、不能表达具有结构性知识的缺点。

综上所述，产生式表示法适合表示以下几点：

（1）由许多相对独立的知识元组成的领域知识，彼此间关系不密切，不存在结构关系的知识；

（2）具有经验性及不确定性的知识，而且相关领域中对这些知识没有严格、同一的理论；

（3）领域问题的求解过程可被表示为一系列相对独立的操作，而且每个操作可被表示为一条或多条产生式规则。

3.2.3 框架表示法

1975 年，美国著名的人工智能学者 Minsky 提出了框架理论：人们对现实世界中各种事物的认识都是以一种类似于框架的结构存储在记忆中。框架表示法便是一种结构化的知识表示方法，已在多种系统中得到应用。

框架（frame）是一种描述所述对象（一个事物、事件或概念）属性的数据结构。一个框架由若干个被称为“槽”（slot）的结构组成，用于描述所论对象某一方面的属性，而每个槽又可以根据实际情况划分为若干个“侧面”，用于描述相应属性的一个

方面。槽和侧面所具有的属性值分别被称为槽值和侧面值。

在一个用框架表示知识的系统中，一般含有多个框架，一个框架一般含有多个不同槽、不同侧面，分别用不同的框架名、槽名及侧面名表示。对于框架、槽或侧面，都可以为其附加上一些说明性的信息，一般是一些约束条件，用于指出什么值才能填入槽和侧面中去。

框架的一般结构如下：

<框架名>

槽名1：　侧面名$_{11}$　　侧面值$_{111}$，侧面值$_{112}$，…，侧面值$_{11P1}$

　⋮　　　⋮

　　　　侧面名$_{1m}$　　侧面值$_{1m1}$，侧面值$_{1m2}$，…，侧面值$_{1mPm}$

槽名n：　侧面名$_{n1}$　　侧面值$_{n11}$，侧面值$_{n12}$，…，侧面值$_{n1P1}$

　　　　⋮

　　　　侧面名$_{nm}$　　侧面值$_{nm1}$，侧面值$_{nm2}$，…，侧面值$_{nmPm}$

约束：　约束条件$_{1}$

　　　　⋮

　　　　约束条件$_{n}$

下面举一个例子，要表示一个如图 3-2 所示的教室的组成要素，用框架表示法如下：

图 3-2　教室

< 教室 >

墙数：

窗数：

门数：

座位数：

墙：< 墙框架 >

门：< 门框架 >

窗：< 窗框架 >

黑板：< 黑板框架 >

天花板：< 天花板框架 >

讲台：< 讲台框架 >

框架表示法最突出的特点是易于表达结构性知识，能够将知识的内部结构关系及知识间的联系表示出来。在框架网络中，下层框架可以继承上层框架的槽值，也可以进行补充和修改，避免了重复描述，节约了时间和空间的开销。框架表示法与人在观察事物时的思维活动是一致的，表示更加自然。

3.2.4 语义网络表示法

语义网络最早是 1968 年奎利安（Quillian）在他的博士论文中作为人类联想记忆的一个显式心理学模型提出的。语义网络是一种采用网络形式表示知识的方法。一个语义网络是一个带标识的有向图。其中，带有标识的结点表示问题领域中的概念、物体、事件、动作或者态势，有向边表示概念和概念之间的联系，边上附着的文字称为语义指针。最简单的语义网络是如下所示的三元组：

（节点 1，弧，节点 2）

也可以通过图 3-3 来表示。

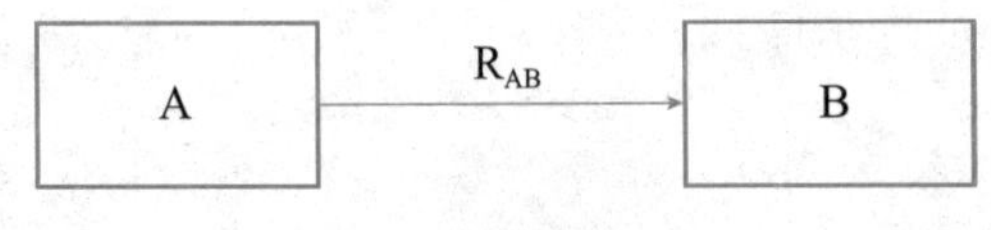

图 3-3　语义网络表示

其中 A，B 是节点，R_{AB} 是 A 和 B 之间的某种语义关系，而且弧线的方向是有意义的。

语义网络中的关系有很多类型，其中包括以下几种：

实例关系（ISA）：体现的是“具体与抽象”的概念，含义是“是一个”，表示一个事物是另一个事物的一个实例，如“小明是一个人”，用语义网络表示如图 3-4 所示。

图 3-4　实例关系语义网络表示

分类关系（AKO，a kind of）：也称为泛化关系，体现的是“子类与超类”的概念，含义为“是一种”，表示一个事物是另一个事物的一种类型，如“老虎是一种哺乳动物”。

成员关系（a-member-of）：体现的是“个体与集体”的关系，含义为“是一员”，表示一个事物是另一个事物的一个成员，如“小明是一名教师”。

属性关系：体现的是事物、属性及其取值之间的关系，例如，“小明今年 20 岁，身高 180cm”，用语义网络表示如图 3-5 所示。

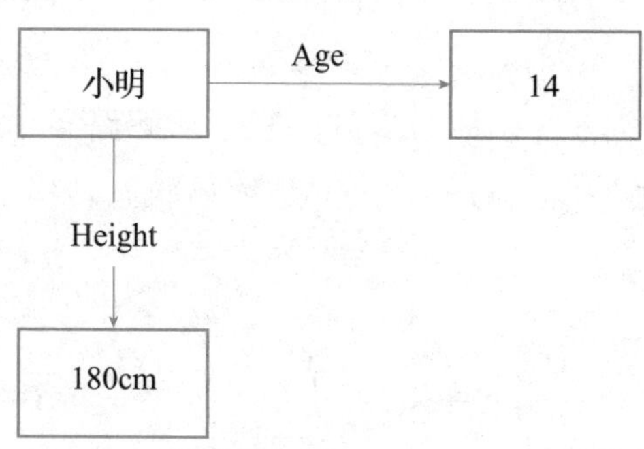

图 3-5 属性关系语义网络表示

聚合关系：也称为包含关系，指具有组织或者结构特征的“部分与整体”之间的关系，例如“凳子是桌子的一部分”。

时间关系：指不同事件在其发生时间方面的先后次序关系，常用的时间关系有“在前（表示一个事件在另一事件之前发生）”和“在后（表示一个事件在另一个事件之后发生）”，例如“2008 年北京夏季奥运会在 2022 北京冬奥会之前”。

位置关系：指不同事物在位置方面的关系，常用的有“在”“在上”“在下”等。例如“手机在书桌上”。

相近关系：表示事物之间的相似和接近关系。

我们可以按照论元个数把关系分为一元关系、二元关系和多元关系。在表达多元关系时，语义网络可以把多元关系转化为多个二元关系的组合，例子可参考图 3-5。

语义网络表示能把事物的属性及事物间的各种语义联系显式地表示出来，便于以联想的方式实现对系统的检索，且便于理解。缺点是语义网络仅用节点及其关系描述知识，推理过程不像谓词逻辑表示方法那样明了，而且目前并没有公认的形式表示体系，所表达的含义依赖于处理程序如何对它进行解释，推理方法不完善。

3.2.5 状态空间表示法

状态空间（state space）是利用状态变量和操作符号表示系统或问题的有关知识的符号体系。状态空间可以用一个四元组表示：

(S，O，S_0，G)

其中，S 是状态集合，S 中每一元素表示一个状态，状态是某一类事物在不同时刻所处于的信息状况。O 是操作的集合，利用操作可以将一个状态转换为另一个状态。S_0 是问题的初始状态的集合，是 S 的非空子集。G 是问题的目的状态的集合，是 S 的非空子集。G 可以是若干具体状态，也可以是满足某些性质的路径的信息描述。

从 S_0 结点到 G 结点的路径称为求解路径。求解路径上的操作序列为状态空间的一个解。例如，操作序列 O_1，...，O_k 使初始状态转换为目标状态，如图 3-6 所示。

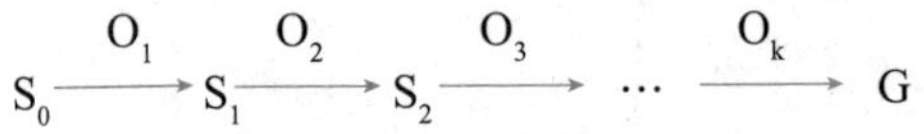

$$S_0 \xrightarrow{O_1} S_1 \xrightarrow{O_2} S_2 \xrightarrow{O_3} \cdots \xrightarrow{O_k} G$$

图 3-6　状态空间的解

则 O_1，...，O_k 即为状态空间的一个解。当然，解往往不是唯一的。

状态可以用任何数据类型的数据结构来表示，例如符号、字符串、向量、多维数组、树和表格等，所选用的数据结构形式要与状态所蕴含的某些特征具有相似性。

状态空间也可用有向图来描述，图的节点表示问题的状态，图的弧表示状态之间的关系。初始状态对应于实际问题的已知信息，是图的根节点。求解就是找到初始状态转换为目标状态的路径。状态空间有向图如图 3-7 所示。

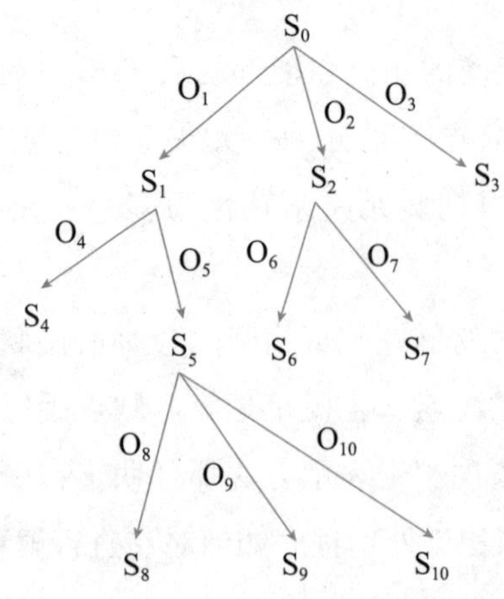

图 3-7　状态空间有向图

若 S_9 属于 G 的一个子集，那么通过 O_1，O_5，O_9 的操作便可让状态 S_0 转换为 S_9，O_1，O_5，O_9 便是一个解。

以上的例子状态比较少，还可以显式展示出来。现实生活中如旅行社路线安排问题，节点一多，不可能将所有的解枚举出来，这就需要计算机掌握高级的搜索算法，节省计算时间。

3.2.6 脚本表示法

脚本是一种与框架类似的知识表示方法，是由夏克（Schank）等人于20世纪70年代提出的。脚本通过一系列的原子动作来表示事物的基本行为，按照事件顺序描述事物的发生。

脚本表示的知识有确定的事件或因果顺序，必须前一个动作完成后才能触发下一个动作的开始。脚本表示法是可以用来描述一个动态过程的知识表示方法。

一个完整的脚本应该包括以下几个重要的组成部分：

进入条件：即脚本描述的事件可能发生的前提条件；

角色：描述事件中可能出现的人物；

道具：描述事件中可能出现的相关物体；

舞台：描述事件发生的空间；

场景：时间发生的序列，指在一定的时间、空间内发生的一定的行动。比如去餐馆吃饭，可能经过等位、点餐、吃饭、付款等场景的切换。然而场景并不是单一的动作序列，可能存在很多分支，对所有可能发生动作序列的枚举是一个很大的工程，这也是脚本表示法的一个缺陷。

结局：给出脚本描述事件发生之后产生的结果，对应着进入后续脚本的先决条件。

脚本表示法能比较细致地刻画时序关系的信息，在一些领域有很大的应用，比如智能对话系统。但是这种表示法不具备对元素基本属性的描述能力，也很难去描述多变的事件发展的可能所有方向。

拓展阅读

人工智能的基础是什么？知识、信息和数据

知识是人类智能的基础，人类在从事阶级斗争、生产斗争和科学试验等社会实践活动中，其智能活动过程主要是一个获取知识并运用知识的过程。

人工智能是一门研究用计算机来模仿和执行人脑的某些智力功能的交叉学科，所以人工智能问题的求解也是以知识为基础的。

如何从现实世界中获取知识、如何将已获得的知识以计算机内部代码的形式加以合理的表示以便于存储，以及如何运用这些知识进行推理以解决实际的问题，即知识的获取、知识的表示和运用知识进行推理是人工智能学科要研究的三个主要问题。

在人们的日常生活及社会活动中，"知识"是常用的一个术语。例如，人们常说"我们要掌握现代科学知识"，"掌握的知识越多，你的机会就越多"等。人们所涉及的知识也是十分广泛的，例如，有的知识是多数人所熟悉的普通知识，而有的知识只是有关专家才掌握的专门领域知识。那么，到底什么是知识？知识有哪些特性？它与通常所说的信息有什么区别和联系？

现实世界中每时每刻都产生着大量的信息，但信息是需要用一定的形式表示出来才能被记载和传递的。尤其是使用计算机来进行信息的存储及处理时，更需要用一组符号及其组合进行表示。像这样用一组符号及其组合表示的信息称为数据。

数据与信息是两个密切相关的概念。数据是记录信息的符号，是信息的载体和表示。信息是对数据的解释，是数据在特定场合下的具体含义。只有把两者密切地结合起来，才能实现对现实世界中某一具体事物的描述。

知识、信息、数据之间的关系如图 3-8 所示。

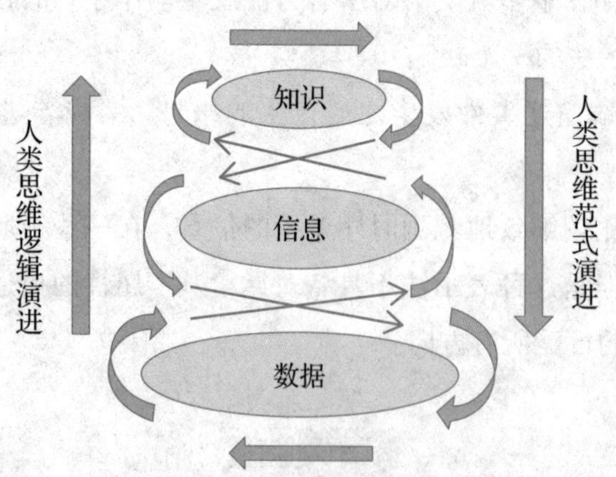

图 3-8　知识、信息、数据之间的关系

另外，数据和信息又是两个不同的概念，相同的数据在不同的环境下表示不同的含义，蕴涵不同的信息。比如，"100"是一个数据，它可能表示"100 元"，也可表示"100 人"，若对于学生的考试成绩来说，可以表示"100 分"。同样，相同的信息也可以用不同的数据表示出来。比如，地下工作者为了传达情报信息，可以用

一首诗词的每一句的第一个字组成一句话，或诗的斜对角线上的字组成的一句话来传达信息，也可能会用一个代码或数字来表示同一信息。

如上所述，现实生活中，信息要以数据的形式来表达和传递的，数据中蕴涵着信息。然而，并不是所有的数据中都蕴涵着信息，而是只有那些有格式的数据才有意义。对数据中的信息的理解也是主观的、因人而异的，是以增加知识为目的的。

比如，你看到0571-88911818这样的数字，可能会根据自己已有的知识猜测它是一个电话号码，但不知道它是哪个城市的电话号码，但如果你通过一些方法确定0571是杭州市的区号后，以后再碰到相同格式的数据时，就会知道它代表杭州市的一个电话号码，实际上你的知识也就增加了。不同格式的数据蕴含的信息量也不一样，比如，图像数据所蕴涵的信息量大，而文本数据所蕴含的信息量少。

信息在人类生活中占有十分重要的地位，但是，只有把有关的信息关联到一起的时候，它才有实际的意义。一般把有关信息关联在一起所形成的信息结构称为知识。知识是人们在长期的生活及社会实践、科学研究及实验中积累起来的对客观世界的认识与经验，人们把实践中获得的信息关联在一起，就获得了知识。

综上所述，知识、信息和数据是三个层次的概念。有格式的数据经过处理、解释会形成信息，而把有关的信息关联在一起，经过处理就形成了知识。知识是用信息表达的，信息则是用数据表达的，这种层次不仅反映了数据、信息和知识的因果关系，也反映了它们不同的抽象程度。人类在社会实践过程中，其主要的智能活动就是获取知识，并运用知识解决生活中遇到的各种问题。

思考与练习

1. 什么是知识？它有什么特性？有哪几种分类方法？

2. 用产生式表示：如果一个人发烧、呕吐以及出现黄疸，那么他患上肝炎的概率有7成。

3. 用框架表示法描述一下自己的房间构造。

4. 用语义网络表示法表示下列信息：

（1）动物能吃、能运动。

（2）鸟是一种动物，鸟有翅膀、会飞。

（3）鱼是一种动物，鱼生活在水中、会游泳。

5. 用状态空间表示法表示下列问题：

一个老农携带一只狐狸、一头羊羔和一筐白菜，要从南岸过河到北岸。岸边有一条小船，只有老农能划船且只能携带一样东西过河。在整个渡河过程中，无论什么情况，若老农不在场，则狐狸和羊羔不能单独相处，羊羔也不能和白菜放在一起。请问老农如何把所有东西从南岸运到北岸？

6. 思考知识表示的各种表示法的优点和缺点，以及适用场景。

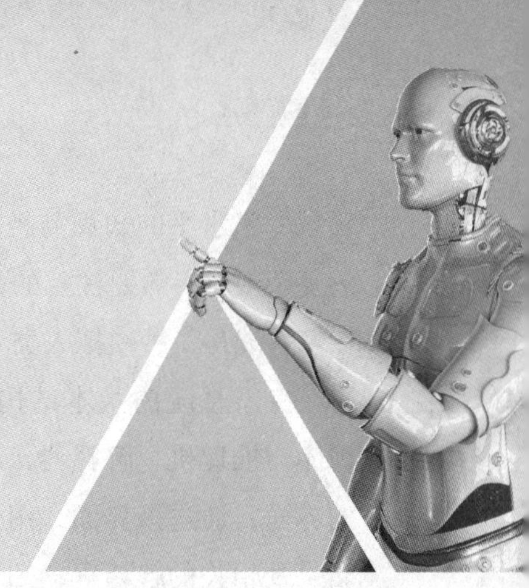

单元四
专家系统

单元导读

在人工智能的发展过程中，研究者们逐渐认识到知识的重要性。如果计算机可以学习到人类在某个领域的专业知识，并且利用这些知识解决这个领域的专业问题，就是一种很好的人工智能的体现。所以，将一个专家在他本领域的专业知识总结出来，以计算机可以使用的形式表达，让计算机系统可以利用这种知识解决问题，这就是专家系统研究的动机。

世界上第一个专家系统是 DENDRAL，诞生于 1965 年，是由 E.A. 费根鲍姆等人在总结通用问题求解系统的成功与失败经验的基础上，结合化学领域的专门知识研制出来的，可以推断化学分子结构。后来，费根鲍姆领导的小组又研发了著名的专家系统 MYCIN，它的功能是帮助医生对住院的血液感染患者进行诊断和选用抗生素 HYPERLINK 类药物进行治疗。这是个非常重要的专家系统，因为它确定了专家系统的基本结构，为后来的专家系统研究奠定了基础。

学习目标

1. 了解专家系统的定义。
2. 掌握专家系统的组成。
3. 掌握确定性推理和非确定性推理。

4.1 系统概述

我们可以将专家系统定义为：一种智能的计算机程序，其内部含有大量的某个领域专家水平的知识与经验，它运用知识和推理来解决该领域内只有专家才能解决的复杂问题。需要注意的是，这里的知识和问题均属于同一个特定领域。简而言之，专家系统是一种模拟人类专家解决领域问题的计算机程序系统。

专家系统的基本结构如图 4-1 所示。主要由六部分构成：人机交互界面、知识库、推理机、解释器、动态数据库、知识获取。人机界面是系统与用户进行交流的界面，通过该界面，用户输入基本信息、回答系统提出的相关问题，并输出推理结果及相关的解释等；知识库用来存放专家提供的领域知识和事实等。专家系统的问题求解过程是通过知识库中的知识来模拟专家的思维方式的；推理机针对当前问题的条件或已知信息，反复匹配知识库中的规则，获得新的结论，以得到问题求解结果。推理方式可以有正向和反向推理两种，将在下一节进行更详细的解释。解释器能够根据用户的提问，对结论、求解过程做出说明，因而使专家系统更像一个“人”；动态数据库专门用于存储推理过程中所需的原始数据、中间结果和最终结论，往往是作为暂时的存储区；知识获取是专家系统知识库是否优越的关键，也是专家系统设计的“瓶颈”，通过知识获取，可以扩充和修改知识库中的内容，也可以实现自动学习功能。

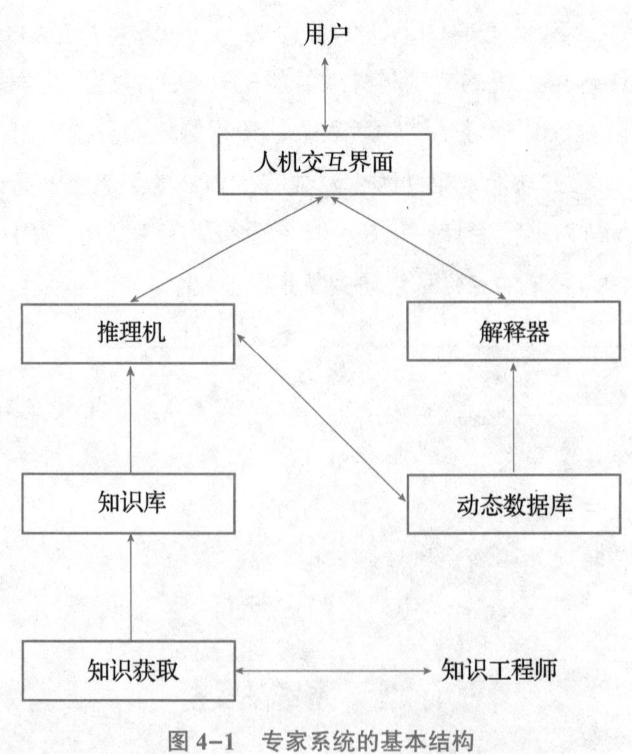

图 4-1　专家系统的基本结构

专家系统中最重要的部分是知识库和推理机，这也是专家系统不同于一般的计

算机程序系统的所在。以这两个部分为核心，专家系统可以处理非确定性的问题，它的目标不是追求问题的最佳解，而是利用知识和推理得到一个满意解。一个好的专家系统应该强调知识库与其他子系统的分离，因为知识库是存储专业知识的，这些知识是与领域强相关的，不同领域的知识库肯定不同，然而推理机等其他的子系统在不同的领域也可能具有一定的通用性。

我们一般将存放于知识库中的知识称为规则或者知识规则，一般以如下形式表示：

IF< 前提 >THEN< 结论 >

表示：当 < 前提 > 被满足时，可以得到 < 结论 >

例如：IF 阴天 and 湿度大 THEN 下雨

表示：如果阴天且湿度大，则会下雨。

规则的 < 结论 > 可以是类似上例中的“下雨”这样的结果，也可能是一个“动作”，例如：

IF 天黑 THEN 打开灯

也可能是其他类型，比如删除某个数据等。

推理机是一个执行结构，它负责对知识库中的知识进行解释，利用知识库进行推理。假设知识以规则的形式表示，推理机会根据某种策略对知识库中的规则进行预测，选择一个 < 前提 > 可以满足的规则，得到该规则的 < 结论 >，并根据 < 结论 > 的不同类型执行不同操作。

4.2 推理方法

专家系统中的推理机是如何利用知识库进行推理的？这个答案会根据知识表示方法的不同而有所不同。在专家系统中，规则是最常用的知识表示方法，下面以规则为例进行说明。

按照推理的方向，推理方法可以分为正向推理和逆向推理。正向推理就是正向地使用规则，从已知条件触发向目标进行推理，其基本思想是：检验是否有规则的前提被动态数据库中的已知事实满足，如果被满足，则将该规则的结论放入动态数据库中，再检查其他的规则是否有前提被满足；反复该过程，直到目标被某个规则推出才结束，或者再也没有新结论被推出为止。由于这种推理方法是从规则的前提向结论进行推理，所以称为正向推理。由于正向推理是通过动态数据库中的数据来“触发”规则进行推理的，所以又称为数据驱动的推理。

例 4.1　设有规则：

R1：IF A and B THEN C

R2：IF C and D THEN E

R3：IF E THEN F

并且已知 A、B、D 成立，求证 F 成立。

初始时已知 A、B、D 在动态数据库中，根据规则 R1，推出 C 成立，所以将 C 加入动态数据库；根据规则 R2，推出 E 成立，将 E 加入动态数据库；根据 R3，推出 F 成立，将 F 加入动态数据库。由于 F 是求证的目标，结果成立，推理结束。

如果在推理过程中，有多个规则的前提同时成立，如何选择一条规则进行推理是冲突消解问题。最简单的办法是按照规则的自然顺序，选择第一个前提条件满足的推理优先执行。也可以对多个规则进行评估，哪条规则前提被满足的条件多，哪条规则就优先执行；或者从规则的结论距离要推导的结论的远近来考虑。

逆向推理又被称为反向推理，是逆向地使用规则，先将目标作为假设，反推是否有某条规则支持该假设，即规则的结论与假设是否一致，然后看结论与假设相关的规则其前提是否成立。如前提成立（在动态数据库中进行匹配），则假设得到求证，结论被放入动态数据库中；否则将该规则的前提加入假设集，一个一个地求证这些假设，直到目标假设被验证为止。由于逆向推理是从假设求解目标成立，是逆向使用规则进行推理的，所以又被称为目标驱动的推理。

例 4.2　在例 4.1 中，如何使用逆向推理推导出 F 成立？

首先将 F 作为假设，发现规则 R3 的结论可以推导出 F，然后检验 R3 的前提是否成立。目前动态数据库中还没有记录 E 是否成立，由于规则 R2 的结论可以得到 E，依次检验 R2 的前提 C 和 D 是否成立。首先检验 C，由于 C 也没有在动态数据库中，再次找结论含有 C 的规则，找到规则 R1，发现其前提 A、B 均成立（在动态数据库中），从而推导出 C 成立，将 C 放入动态数据库中。再检验规则 R2 的另一个前提条件 D，由于 D 在动态数据库中，所以 D 成立，从而 R2 的前提全部被满足，推出 E 成立，并将 E 放入动态数据库中。由于 E 已经被推出成立，所以规则 R3 的前提成立了，从而最终推出目标 F 成立。

在逆向推理中也存在冲突消解问题，可采用与正向推理一样的方法解决。

一般的结论及推理都是确定性的，也就是说前提成立，结论一定成立。比如在

几何定理证明中，如果两个同位角相等，则两条直线一定是平行的。但是在很多实际问题中，推理往往具有模糊性、不确定性。比如“如果阴天则可能下雨”，但我们都知道阴天了不一定会下雨，这就属于非确定性推理问题。关于非确定性推理问题，我们将会在之后详细介绍。

4.3 确定性推理

假如你是一位动物学家，可以识别各种动物。你的朋友 FD 周末带孩子去动物园游玩并见到了一个动物，FD 不知道该动物是什么，于是给你打电话咨询，你们之间有了以下的对话：

你：你看到的动物有羽毛吗？

FD：有羽毛。

你：会飞吗？

FD：（经观察后）不会飞。

你：有长腿吗？

FD：没有。

你：会游泳吗？

FD：（看到该动物在水中）会。

你：颜色是黑白吗？

FD：是。

你：这个动物是企鹅。

在以上对话中，当得知动物有羽毛后，你就知道了该动物属于鸟类，于是你提问是否会飞；当得知不会飞后，你开始假定这可能是鸵鸟，于是提问是否有长腿；在得到否定回答后，你马上想到了可能是企鹅，于是询问是否会游泳；然后为了进一步确认是否是企鹅，又问颜色是否是黑白的；得知是黑白颜色后，马上就确认该动物是企鹅。

我们也希望一个动物识别专家系统能像你一样完成以上过程，通过与用户的交互，回答用户有关动物的问题。

为了实现这样的专家系统，首先要把你的有关识别动物的知识总结出来，并以计算机可以使用的方式存放在计算机中。可以用规则表示这些知识，为此，我们设计一些谓词以方便地表达知识。首先是 same，表示动物具有某种属性，如可以用“same 有羽毛 yes”表示是否具有羽毛，当动物有羽毛时为真，否则为假。而 notsame 与 same 相反，当动物不具有某种属性时为真，如“notsame 会飞 yes”，当动物不会飞时为真。

一个规则，具有如下的格式：

(rule< 规则名 >

(if< 前提 >)

(then< 结论 >))

如“如果有羽毛则是鸟类”可以表示为：

(rule< 规则名 >

(if (same 有羽毛 yes))

(then (类 鸟类)))

其中 R3 是规则名，(same 有羽毛 yes) 是规则的前提，(类 鸟类) 是规则的结论。

如果前提有多个条件，则将多个谓词并列即可。如“如果是鸟类且不会飞且会游泳且是黑白色则是企鹅”可以表示为：

(ruleR12

(if (same 类 鸟类)

(notsame 会飞 yes)

(same 会游泳 yes)

(same 黑白色 yes))

(then (动物 企鹅)))

也可以用 (or< 谓词 >< 谓词 >) 表示“或”的关系，“如果是哺乳类且 (有蹄或者反刍) 则属于偶蹄子类”可以表示为：

(ruleR6

(if (same 有羽毛 yes)

(or (same 有蹄 yes)(same 反刍 yes)))

(then (类 偶蹄类)))

这样，我们可以总结出如下规则组成知识库：

(ruleR1

(if (same 有毛发 yes))

(then (类 哺乳类)))

(rule R2

```
(if (same 有奶  yes))
(then (类  哺乳类)))

(rule R3
(if (same 有羽毛  yes))
(then (类  鸟类)))

(rule R4
(if (same 会飞  yes)
(same 下蛋  yes))
(then (类  鸟类)))

(rule R5
(if (same 类  哺乳类)
(or (same 吃肉  yes)(same 有犬齿  yes))
(same 眼睛前视  yes)
(same 有爪  yes))
(then (子类  食肉类)))

(ruleR6
(if (same 有羽毛  yes)
(or (same 有蹄  yes)(same 反刍  yes)))
(then (类  偶蹄类)))

(rule R7
(if (same 子类食肉类)
(same 黄褐色  yes)
(same 有暗斑点  yes))
(then (动物  豹)))

(rule R8
(if (same 子类食肉类)
```

```
(same 黄褐色 yes)
(same 有黑条纹 yes))
(then (动物 虎)))

(rule R9
(if (same 子类偶蹄类)
(same 有长腿 yes)
(same 有长颈 yes)
(same 黄褐色 yes)
(same 有暗斑点 yes))
(then (动物 长颈鹿)))

(rule R10
(if (same 子类偶蹄类)
(same 有白色 yes)
(same 有黑条纹 yes))
(then (动物 斑马)))

(rule R11
(if (same 类鸟类)
(notsame 会飞 yes)
(same 有长腿 yes)
(same 有长颈 yes)
(same 黑白色 yes))
(then (动物 鸵鸟)))

(ruleR12
(if (same 类 鸟类)
(notsame 会飞 yes)
(same 会游泳 yes)
(same 黑白色 yes))
```

```
(then (动物 企鹅)))

(ruleR13
(if (same 类 鸟类)
(same 善飞 yes))
(then (动物 信天翁)))
```

推理机是如何利用这些知识进行推理的呢？我们假设采用逆向推理进行求解。

首先，系统提出一个假设。由于一开始没有任何信息，系统只能把规则的结论部分含有（动物 x）的全部内容作为假设，并按照一定顺序进行验证。在验证的过程中，如果一个事实是已知的，比如已经在动态数据库中有记录，则直接使用该事实。动态数据库中的事实是在推理过程中由用户输入的或者是某个规则的结论。如果动态数据库中对该事实没有记录，则查看是否是某个规则的结论，如果是某个规则的结论，则检验该规则的前提是否成立，实际上就是用该规则的前提当作子假设进行验证，是一个递归调用的过程；如果不是某个规则的结论，则向用户询问，由用户通过人机交互接口获得。在以上过程中，一旦某个结论得到了验证——由用户输入的或者是规则的前提成立推出的——就将该结果加入动态数据库中，直至在动态数据库中得到最终的结果（动物是什么）结束，或者推导不出任何结果结束。

假定系统首先提出的假设是鸵鸟，则推理过程如图 4-2 所示。根据规则 R11，需要验证其前提条件“是鸟类 且不会飞 且 有长腿 且 有长颈 且 黑白色”。首先验证“是鸟类”，动态数据库中还没有相关信息，所以查找结论含有“(类 鸟类)”的规则 R3，其前提是“有羽毛”。该结果在动态数据库中也没有相关信息，也没有哪个规则的结论含有该结果，所以向用户提出询问是否有羽毛，用户回答“Yes”，得到该动物有羽毛的结论。由于 R3 的前提条件只有这一个，所以由规则 R3 得出该动物属于鸟类，并将“是鸟类”这个结果加入动态数据库。R11 的第一个条件得到满足，接下来验证第二个条件“不会飞”。同样，动态数据库中没有记载，也没有哪个规则可以得到该结论，还是询问用户，得到回答“Yes”后，将“不会飞”加入动态数据库。再验证“有长腿”，这时由于用户回答是“No”，表示该动物没有长腿，“没有长腿”也被放入到动态数据库中。由于“有长腿”得到了否定回答，所以 R11 的前提不被满足，假设“鸵鸟”不能成立。系统再次提出新的假设动物是“企鹅”，得到如图 4-3 所示的推理过程。根据规则 R12，要验证规则的前提条件“是鸟类 且 不会飞 且 会游泳 且 黑白色”，由于动态数据库中已经记录了当前动物“是鸟类”“不会飞”，所以规则 R12 的前两个条件均被满足。直接验证第三个条件“会游泳”和第四个条件“黑白色”，这两个条件都需要用户回答，在得到肯定的答案后，系统得出结论——这个动物是企鹅。

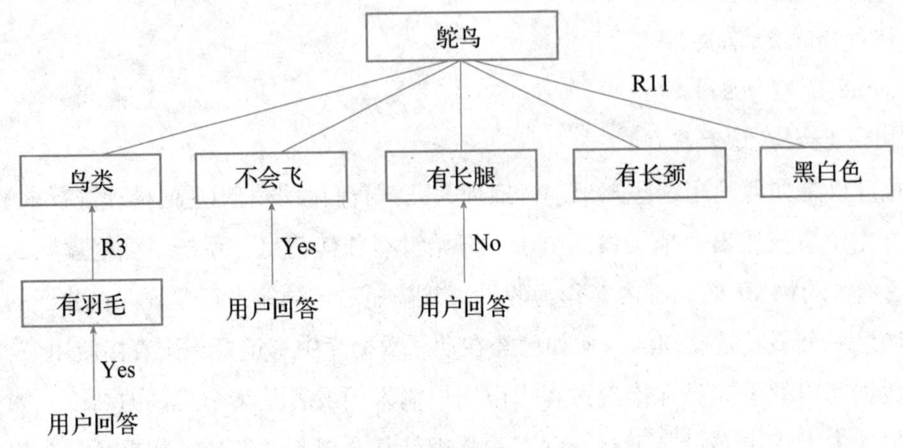

图 4–2 判断是否为鸵鸟的推理过程

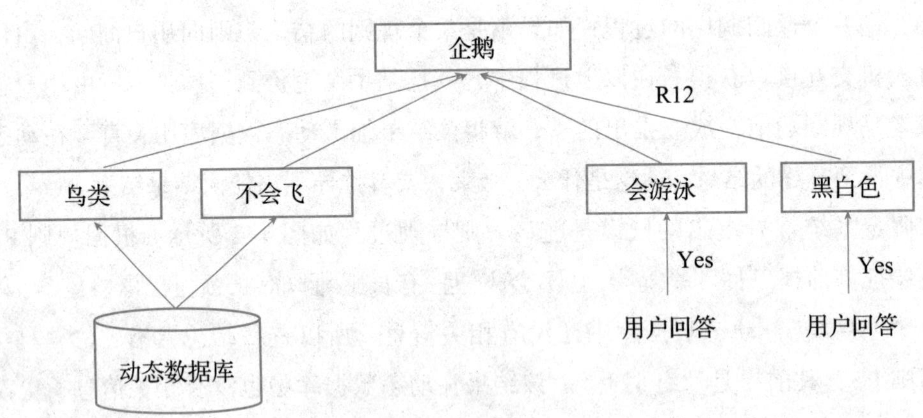

图 4–3 判断是否为企鹅的推理过程

如果把推理过程记录下来，则专家系统的解释器就可以根据推理过程对结果进行解释。比如用户可能会问为什么不是“鸵鸟”？解释器可以回答：根据规则 R11，鸵鸟具有长腿，而你的回答该动物没有长腿，所以不是鸵鸟。如果问为什么是“企鹅”？解释器可以回答：根据你的回答，该动物有羽毛，根据规则 R3 可以得出该动物属于鸟类；根据你的回答该动物不会飞、会游泳、黑白色，则根据规则 R12 可以得出该动物是企鹅。

以上我们给出了一个简单的专家系统实例以及它是如何工作的。实际的系统中，为了提高效率，可能要比这复杂得多，如何提高匹配速度以提高系统的工作效率，如何提出假设以便系统尽快地得出答案，这都是需要解决的问题。更重要的一

点是，现实的问题和知识往往是不确定的，如何解决不确定推理问题将在下一节介绍。

4.4 非确定性推理

在前面给出的一个专家系统的简单例子中，每个规则都是确定性的，也就是说满足了什么条件，结果就一定是什么。用户给出的事实也是确定性的，有羽毛就是有羽毛，会游泳就是会游泳。但现实生活中的很多实际问题是非确定性问题。比如如果阴天则下雨。阴天就是一个非确定性的东西，是天上有些云彩就算阴天呢？还是乌云密布算是阴天？即便是乌云密布也不确定就一定下雨，只是天阴得越厉害，下雨的可能性就越大，但不能说阴天就一定下雨。这就是非确定性的问题，回答这种问题就需要非确定性推理方法。

随机性、模糊性和不完全性均可导致非确定性。解决非确定性推理问题至少要解决以下几个问题：

（1）事实的表示。

（2）规则的表示。

（3）逻辑运算。

（4）规则运算。

（5）规则的合成。

目前有不少非确定性推理方法，各有优缺点，下面我们以著名的专家系统 MYCIN 中使用的可信度方法（certain factor，CF 方法）为例进行说明。

4.4.1 事实的表示

事实 A 为真的可信度用 CF(A) 表示，取值范围为 [−1，1]，当 CF(A)=1 时，表示 A 肯定为真；当 CF(A)=−1 时，表示 A 为真的可信度为 −1，也就是 A 肯定为假。CF(A)>0 表示 A 以一定的可信度为真；CF(A)<0 表示 A 以一定的可信度且值为 (−CF(A)) 为假；或者说 A 为真的可信度为 CF(A)，由于此时 CF(A) 为负，实际上 A 为假；CF(A)=0 表示对 A 一无所知。在实际使用时，一般会给出一个绝对值比较小的区间，只要在这个区间就表示对 A 一无所知，这个区间一般取 [−0.2，0.2]CF(A)。

例如：

CF(阴天)=0.7，表示阴天的可信度为 0.7。

CF(阴天)=−0.7，表示阴天的可信度为 −0.7，也就是晴天的可信度为 0.7。

4.4.2 规则的表示

具有可信度的规则表示为以下形式：

IF A THEN B CF (B，A)

其中 A 是规则的前提；B 是规则的结论；CF(B，A) 是规则的可信度，又称规则的强度，表示当前 A 为真时，结论 B 为真的可信度。同样，规则的可信度 CF(B，A) 取值范围也是 [−1，1]，取值大于 0 表示规则的前提和结论是正相关的，取值小于 0 表示规则的前提和结论是负相关的，即前提越是成立，则结论越不成立。

一条规则的可信度可以理解为当前提肯定为真时，结论为真的可信度。

例如：

IF 阴天 THEN 下雨 0.7

表示：如果阴天，则下雨的可信度为 0.7。

IF 晴天 THEN 下雨 −0.7

表示：如果晴天，则下雨的可信度为 −0.7，即如果晴天，则不下雨的可信度为 0.7。

若规则的可信度 CF(B，A)=0，则表示规则的前提和结论之间没有任何相关性。

例如：

IF 上班 THEN 下雨 0

表示：上班和下雨之间没有任何联系。

规则的前提也可以是复合条件。

例如：

IF 阴天 and 湿度大 THEN 下雨 0.6

表示：如果阴天且湿度大，则下雨的可信度为 0.6。

4.4.3 逻辑运算

规则前提可以是复合条件，复合条件可以通过逻辑运算表示。常用的逻辑运算有“与”“或”“非”，在规则中可以分别用“and”“or”“not”表示。在可信度方法中，具有可信度的逻辑运算规则如下：

CF(AandB)=min{CF(A)，CF(B)}

CF(AorB)=max{CF(A)，CF(B)}

CF(notA)=−CF(A)

1 表示“A and B”的可信度，等于 CF(A) 和 CF(B) 中最小的一个；2 表示“A or B”的可信度，等于 CF(A) 和 CF(B) 中最大的一个；3 表示“not A”的可信度等于 A 的可信度的负值。

例如：

已知：

CF(阴天)=0.7

CF(湿度大)=0.5

则：

CF(阴天 and 湿度大)=0.5

CF(阴天 or 湿度大)=0.7

CF(not 阴天)=−0.7

4.4.4　规则运算

前面提到过，规则的可信度可以理解为当规则的前提肯定为真时，结论的可信度。如果已知的事实不是肯定为真，也就是事实的可信度不是 1 时，如何从规则得到结论的可信度呢？在可信度方法中，规则运算的规则按照以下方式计算：

已知：

IFATHENBCF(B，A)

CF(A)

则：

CF(B)=max{0，CF(A)}*CF(B，A)

由于只有当规则的前提为真时，才有可能推出规则的结论，而前提为真意味着 CF(A) 必须大于 0；CF(A)<0 的规则，意味着规则的前提不成立，不能从该规则推导出任何与结论 B 有关的信息。所以在可信度的规则运算中，通过 max{0，CF(A)} 筛选出前提为真的规则，并通过规则前提的可信度 CF(A) 与规则的可信度 CF(B，A) 相乘的方式得到规则的结论 B 的可信度 CF(B)。如果一条规则的前提不是真，即 CF(A)<0，则通过该规则得到 CF(B)=0，表示该规则得不出任何与结论 B 有关的信息。注意！这里 CF(B)=0，知识表示通过该规则得不出任何与结论 B 有关的信息，并不表示对 B 就一定一无所知，因为还有可能通过其他的规则推导出与 B 有关的信息。

例如：

已知：

IF 阴天 THEN 下雨 0.7

CF(阴天)=0.5

则：

CF(下雨)=0.5 × 0.7=0.35，即从该规则得到下雨的可信度为 0.35。

已知：

IF 湿度大 THEN 下雨 0.7

CF(湿度大)=−0.5

则：

CF(下雨)=0，即通过该规则得不到下雨的信息。现实中可以理解为现在不能得到湿度大的前提，所以也无法通过依靠湿度大的规则来得到下雨的信息。

4.4.5 规则合成

通常情况下，得到同一个结论的规则不止一条，也就是说可能会有多个规则得出同一个结论，但是从不同规则得到同一个结论的可信度可能并不相同。

例如，有以下两条规则：

IF 阴天 THEN 下雨 0.8

IF 湿度大 THEN 下雨 0.5

且已知：

CF(阴天)=0.5

CF(湿度大)=0.4

从第一条规则，可以得到 CF(下雨)=0.5 × 0.8=0.4

从第二条规则，可以得到 CF(下雨)=0.4 × 0.5=0.2

那么究竟 CF(下雨) 应该是多少呢？这就是规则合成问题。

在可信度方法中，规则的合成计算如下：

设：从规则 1 得到 CF1(B)，从规则 2 得到 CF2(B)，则合成后有：

CF(B)=CF1(B)+CF2(B)−CF1(B) × CF2(B)，当 CF1(B) 和 CF2(B) 均大于零

=CF1(B)+CF2(B)+CF1(B) × CF2(B)，当 CF1(B) 和 CF2(B) 均小于零

=CF1(B)+CF2(B)，其他

这样，上面的例子合成后的结果为：

CF(下雨)=0.4+0.2−0.4 × 0.2=0.52

如果是三个及三个以上的规则合成，则采用两个规则先合成一个，再与第三个合成的办法，以此类推，实现多个规则的合成。

下面给出一个用可信度方法实现非确定性推理的例子。

已知：

R1：IF A1 THEN B1 CF(B1，A1)=0.8

R2：IF A2 THEN B1 CF(B1，A2)=0.5

R3：IF B1 and A3 THEN B2 CF(B2，B1 and A3)=0.8

CF(A1)=CF(A2)=CF(A3)=1

计算：CF(B1)，CF(B2)

由 R1：CF1(B1)=CF(A1)×CF(B1，A1)=1×0.8=0.8

由 R2：CF2(B1)=CF(A2)×CF(B1，A2)=1×0.5=0.5

合成得到：CF(B1)=CF1(B1)+CF2(B1)−CF(B1)×CF2(B1)=0.8+0.5−0.8×0.5=0.9

CF(B1 and A3)=min{CF(B1)，CF(A3)}=min{0.9，1}=0.9

由 R3：CF(B2)=CF(B1 and A3)×CF(B2，B1 and A3)=0.9×0.8=0.72

答：CF(B1)=0.9，CF(B2)=0.72

4.5 专家系统工具

专家系统的一个特点是知识库与其他部分的分离，知识库与求解的问题领域密切相关，而推理机等则与具体领域独立，具有通用性。为此，人们开发了一些专家系统工具用于快速建造专家系统。

借助之前开发好的专家系统，将描述领域知识的规则等从原系统中“挖掉”，只保留其知识表示方法与领域无关的推理机等部分，就得到了一个专家系统工具，这样的工具称为骨架型工具，因为它保留了原有系统的主要框架。最早的专家系统工具 EMYCIN（emptyMYCIN）就是一个典型的骨架型专家系统工具，从名称就可以看出它是来自著名的专家系统 MYCIN。

骨架型专家系统工具具有使用简单方便的特点，只需将具体的领域知识按照工具规定的格式表达出来就可以了，可以有效提高专家系统的构建效率。但是灵活性不够，除知识库以外，使用者不能改变其他任何东西。

另一种专家系统工具是语言性工具，提供给用户的构建专家系统所需要的基本机制。除知识库以外，使用者还可以使用系统提供的基本机制，根据需要构建具体的推理机等，使用起来更加灵活方便，使用范围也更广泛。著名的 OPS5 就是这样的工具系统，它以产生式系统为基础，综合了通用的控制和表示机制，为用户提供建立专家系统所需要的基本功能。在 OPS5 中，预先没有设定任何符号的含义以及符号之间的关系，所有符号的含义以及它们的关系均可由用户定义，其推理机制、控制策略也作为一种知识对待，用户可以通过规则的形式影响推理过程。这样做的好处是构建系统更加灵活方便，虽增加了构建专家系统的难度，但比起直接用计算机语言从头构建专家系统要方便得多。

4.6 专家系统的应用

专家系统是最早走向实用的人工智能技术。世界上第一个实现商用并带来经济效益的专家系统是 DEC 公司的 XCON 系统，该系统拥有 1 000 多条人工整理的规则，帮助新计算机系统配置订单，1982 年开始正式在 DEC 公司使用，据估计它为公司每年节省了 4 000 万美元。在 1991 年的“海湾危机”中，美国军队将专家系统用于自动的后勤规划和运输日程安排，这项工作同时涉及 5 万个车辆、货物和人，而且必须考虑起点、目的地、路径以及解决所有参数之间的冲突。AI 规划技术使得一个计划可以在几小时内产生，而用旧的方法则需要花费几个星期。

清华大学于 1996 年开发的一个市场调查报告自动生成专家系统也在某企业得到应用，该系统可以根据市场数据自动生成一份市场调查报告。该专家系统知识库由两部分组成，一部分知识是有关市场数据分析的，来自企业的专业人员根据这些知识对市场上相关产品的市场形势进行分析，包括市场行情、竞争态势、动态、预测发展趋势等；另一部分知识是有关报告自动生成的，根据分析出的不同市场形势撰写出不同内容的图、文、表并茂的市场报告，并通过不同的语言表达生成丰富多彩的市场报告。

相比于专家系统在其他领域的应用，医学领域是较早应用专家系统的领域，像著名的 MYCIN 就是一个帮助医生对血液感染患者进行诊断和治疗的专家系统。我国也开发过一些中医诊断专家系统，如在总结著名中医专家关幼波先生的学术思想和临床经验基础上研制的“关幼波胃脘病专家系统”等。在农业方面，专家系统也有很好的应用，在国家“863”计划的支持下，我国有针对性地开发出一系列适合我国不同地区生产条件的实用经济型农业专家系统，为农技工作者和农民提供方便、全面、实用的农业生产技术咨询和决策服务，包括蔬菜生产、果树管理、作物栽培、花卉栽培、畜禽饲养、水产养殖、牧草种植等多种不同类型的专家系统。

拓展阅读

专家系统发展历史

作为人工智能的一个重要分支，专家系统按其发展过程大致可分为三个阶段：即初创期（1971 年前）、成熟期（1972—1977 年）和发展期（1978 年至今）。

（1）初创期：1965 年在美国国家航空航天局要求下，斯坦福大学成功研制了 DENDRAL 专家系统，该系统具有非常丰富的化学知识，可根据质谱数据帮助化学家推断分子结构。这个系统的完成标志着专家系统的诞生。在此之后，麻省理工学院开始研制 MACSYMA 系统，现经过不断扩充，它能求解 600 多种数学问题。

（2）成熟期：到 20 世纪 70 年代中期，专家系统已逐步成熟起来，其观点逐渐被人们接受，并先后出现了一批卓有成效的专家系统。其中，最具代表性的是肖特立夫等人的 MYCIN 系统，该系统用于诊断和治疗血液感染及脑炎感染，可给出处方建议。另一个非常成功的专家系统是 PROSPCTOR 系统，它用于辅助地质学家探测矿藏，是第一个取得明显经济效益的专家系统。

（3）发展期：20 世纪 80 年代中期以后，专家系统发展在应用上最明显的特点是出现了大量的投入商业化运行的系统，并为各行业创造了显著的经济效益。其中一个著名的例子是 DEC 公司与卡内基梅隆大学合作开发的 XCON-R1 专家系统，它每年为 DEC 公司节省数千万美元。从 20 世纪 80 年代后期开始，一方面随着面向对象、神经网络和模糊技术等新技术的迅速崛起，为专家系统注入了新的活力；另一方面计算机的运用也越来越普及，而且对智能化的要求也越来越高。由于这些技术的发展并成功运用到专家系统之中，使得专家系统得到更广泛的运用。

自 1965 年第一个专家系统 DENDRAL 在美国斯坦福大学问世以来，经过 50 多年的开发，各种专家系统已遍布各个专业领域，涉及工业、农业、军事以及国民经济的各个部门乃至社会生活的许多方面。

思考与练习

1. 什么是专家系统？它由哪几部分构成？

2. 专家系统的特点和优点是什么？

3. 简述正向推理和逆向推理的流程。

单元五

自然语言处理

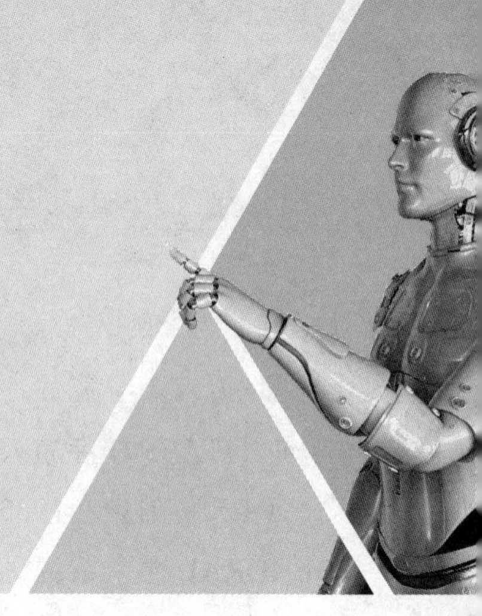

单元导读

《现代汉语词典》对“语言”的定义是“人类所特有的用来表达意思、交流思想的工具，是一种特殊的社会现象，由语音、词汇和语法构成一定的系统，一视同仁地为各个阶级服务”。自然语言处理（NLP）是一种基于理论的计算技术，用于人类语言的自动分析和表达。自然语言处理的目的是使计算机处理、理解并能够生成人类的语言，它涉及计算机科学、人工智能和语言学等多个学科。

学习目标

1. 熟悉自然语言处理发展历程。
2. 了解自然语言处理的经典任务。
3. 掌握自然语言处理在机器翻译、问答系统、对话系统领域的应用。

5.1 发展历程

自然语言处理的起源可以追溯到1950年图灵提出的“图灵测试”。图灵测试指人类在不知情情况下能否识别与其交谈的对象是否为机器，用来检验计算机是否拥有真正的智能。早期的自然语言处理以基于规则的方法为主流。1956年乔姆斯基借鉴香农的工作，把有限状态机作为工具刻画语法，建立了自然语言的有限状态机模型。基于规则的自然语言处理主要受到语法的影响，通过分析语言结构，以达到用语法规则约束自然语言处理的目的，其方法的本质是模式匹配。但由于自然语言本身具有的歧义、多样性以及上下文相关等特点，基于规则的方法在自然语言处理上

进展缓慢。然而在20世纪50年代末到60年代中期基于统计的方法开始复苏，多数学者普遍认为只有详尽的历史语料才能带来靠谱的结论。从而诞生了一些比较著名的理论与算法，如贝叶斯方法、隐马尔可夫、最大熵、维特比算法、支持向量机之类。但是总的来说，这个时代依然是基于规则的理性主义的天下，基于统计的经验主义虽然取得了不俗的成就，却依然没有受到太多的重视。

20世纪90年代以后，基于统计的方法开始大放异彩。有两件事从根本上促进了自然语言处理研究的复苏与发展。一是90年代中期以来，计算机的速度和存储量大幅增加，为自然语言处理改善了物质基础，使得语音和语言处理的商品化开发成为可能；二是1994年Internet商业化和同期网络技术的发展使得基于自然语言的信息检索和信息抽取的需求变得更加突出。研究者采用基于统计的机器学习方法，在语料库基础上建立语言模型，取得了显著的效果。但传统的机器学习算法是基于离散表示的线性模型，不能充分地挖掘语料库信息。

2013年以后，word2vec的提出以及神经网络在自然语言处理中的应用，将深度学习与自然语言处理的结合推向了高潮。三种主要类型的神经网络为：循环神经网络（recurrent neural networks）、卷积神经网络（convolutionalneural networks）和结构递归神经网络（recursive neural networks）。seq2seq的提出将神经网络分为编码与解码两个部分，完胜了统计机器翻译方法。采用注意力机制模拟人类的视觉机制，增强了神经网络的可解释性。直到今天，注意力机制仍是一个非常重要的概念。基于自注意力机制的transformer解决了RNN不能并行训练的问题，极大地提高了神经网络的训练速度。2018年bert的提出打破了11项NLP任务的纪录，奠定了预训练模型方法的地位。总的来说，面向大量的网络数据资源，基于经验主义的深度学习方法，在自然语言处理上取得了丰硕的成果。

随着自然语言处理的进一步发展，目前的高性能系统充分利用了先进的机器学习方法，例如深度学习、强化学习等，还产生了许多高性能工具，例如斯坦福大学开发的语言结构分析器和很多分布式词向量表示工具等。自然语言处理技术快速发展主要取决于以下几个因素：

（1）计算能力的提高使得深度神经网络不再停留在理论阶段，同时为更好的算法提供支撑。

（2）社交网络的发展产生了大量的文本数据，提供了高质量的语料库。

（3）机器学习算法的快速发展，主要是深度学习的快速发展，产生了很多高效的网络结构。

自然语言处理的领域与技术非常繁多，按照其目的大致可以分为自然语言理解与自然语言生成两种。自然语言理解侧重于如何理解文本，包括的任务有情感分类、实体识别、共指消解、句法分析、关系抽取、阅读理解等。自然语言生成侧重于理解文本后如何生成文本，包含的任务有文本摘要、机器翻译、问答系统、对话系统等。两者间不存在明显的界限，如阅读理解实际属于问答系统的一个子领域。自然语言处理在机器翻译、问答系统、对话系统这三个领域有着比较成熟的应用。

5.2 机器翻译

机器翻译开始于 1933 年。苏联科学家彼得·特罗扬斯基向苏联科学院提交了“用于从一种语言翻译到另一种语言时选择和打印单词的机器”。这项发明非常简单——它有四种不同语言的卡片、一台打字机和一台老式胶卷照相机。

操作员从文本中取出第一个单词，找一张对应的卡片，拍摄照片，然后在打字机上键入单词的形态特征（名词、复数、属格）。打字机的按键编码了其中一个特征。磁带和相机的胶卷同时使用，制作了一组带有单词及其形态的框架。

在当时的苏联，这项发明被认为是无用的。直到 1956 年两位苏联科学家发现了他的专利，世界上才有人知道这台机器。

1954 年 1 月 7 日，在纽约的 IBM 总部开始了 Georgetown–IBM 实验。IBM 701 计算机在历史上首次将 60 个俄语句子自动翻译成英语。然而理想的实验结果掩盖了一个细节——翻译的例子是经过精心挑选和测试的，以排除任何具有歧义的句子或单词。就日常使用而言，这套系统不比一本袖珍常用语手册好多少。但是，这种竞赛依旧开始了：加拿大、德国、法国，尤其是日本，都加入了机器翻译的竞赛。

改进机器翻译的工作持续了 40 年之久，但没有取得显著的成果。1966 年，美国 ALPAC 委员会在其著名的报告中称，机器翻译昂贵、不准确、没有前途。相反，他们建议把重点放在词典的发展上，这使得美国的研究人员在近十年的时间里被排除在机器翻译之外。

尽管如此，现代自然语言处理的基础是由科学家和他们的尝试、研究和发展创造的。今天所有的搜索引擎、垃圾邮件过滤器和个人助理的出现都要归功于一些“相互监视”的国家。

5.2.1 基于规则的机器翻译

围绕基于规则的机器翻译的第一个想法产生在 20 世纪 70 年代。科学家们仔细

观察口译员的工作，试图使用极其迟缓的计算机重复这些动作。这些系统包括：

（1）双语词典（俄语—英语）。

（2）每种语言的一套语言规则（例如，以某些后缀结尾的名词，如 -heit，-keit，-ung 是阴性的）。

如果需要，系统可以通过一些修改来补充，比如名字列表、拼写纠正器和音译器等。

1. 直接机器翻译

这是最直接的机器翻译类型。它把文本分成单词，翻译它们，然后纠正形态，并协调语法，使整个句子或多或少听起来正确。富有经验的语言学家为每个单词写下规则，系统的输出返回某种翻译。通常情况下效果糟糕。语言学家白白浪费了时间。现代系统根本不使用这种方法。英语—德语的直接翻译示意图如图 5-1 所示。

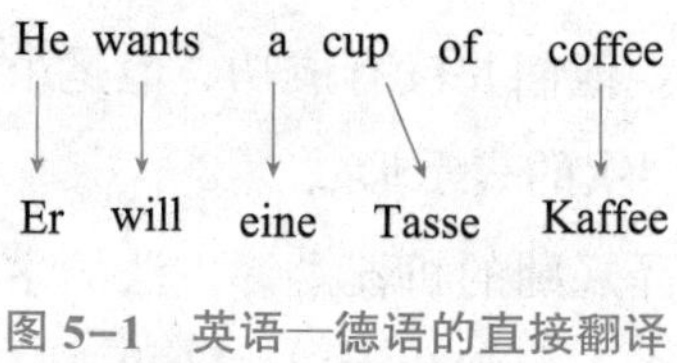

图 5-1　英语—德语的直接翻译

2. 基于转换的机器翻译

与直接翻译相比，基于转换的方法首先通过确定句子的语法结构来进行翻译，就像我们在学校学习的那样，然后修正整个结构，而不是单词。这有助于在翻译中对词序进行正确的转换。如图 5-2 所示。

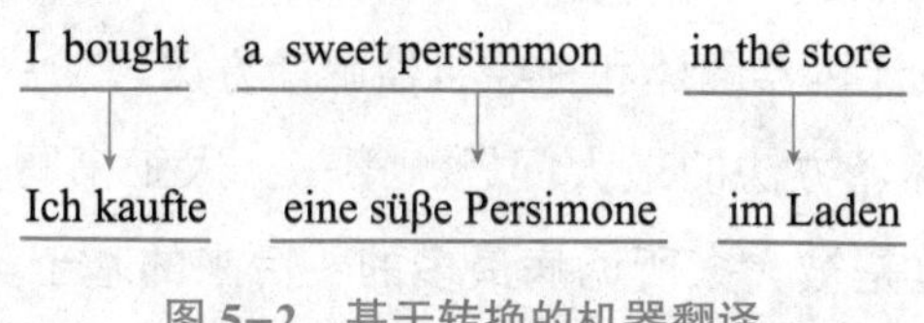

图 5-2　基于转换的机器翻译

但是在实践中，它仍然导致了逐字翻译，花费了语言学家大量的精力。一方面，它简化了一般语法规则，但另一方面，由于与单个单词相比，单词构造数量增加，它变得更加复杂。

3. 语际机器翻译

通过这种方法，源语言将转换为中间表示形式，并且对于世界上所有语言都是统一的。这正是笛卡儿梦寐以求的国际语：一种元语言，遵循通用规则并翻译转换为简单的“来回”任务。国际语可以转换为任何目标语言，这就是国际语的特点。如图 5-3 所示。

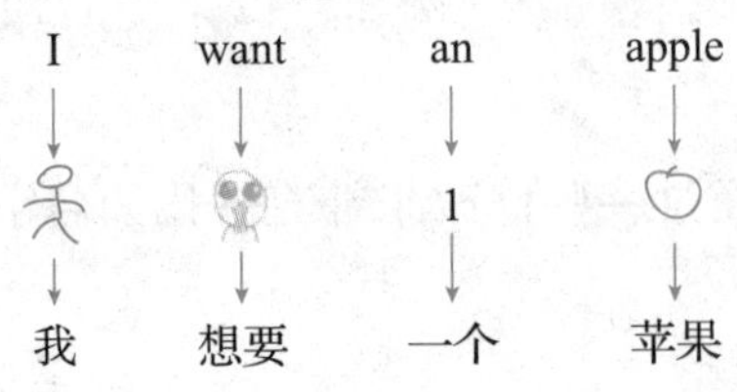

图 5-3　语际机器翻译

由于转换的使用，语际翻译经常与基于转换的机器翻译混淆。语际机器翻译的不同之处在于语言规则是针对每种单独的语言和中间语言的，而不是针对某两个特定的语言。这意味着，我们可以在语际系统中添加第三种语言，并在这三种语言之间进行翻译。在基于转换的系统中，我们无法做到这一点。

它看起来很完美，但在实际中却并非如此。创建这样的通用语言非常困难，许多科学家一生都在为之努力。他们并没有成功，但是由于有了他们的工作，我们现在有了形态、句法甚至语义层次的表示形式。

第一，基于人工书写翻译规则的机器翻译方法的主要优点是直观，语言学家可以非常容易地将翻译的东西利用规则的方法表达出来，书写的翻译规则可读性比较好。第二，翻译规则的书写颗粒度具有很大的可伸缩性。较大颗粒度的翻译规则具有很强的概括能力，比如通用翻译规则；较小颗粒度的翻译规则具有精细的描述能力，比如个性翻译规则。第三，翻译规则便于处理复杂的句法结构和进行深层次的语义理解，比如解决翻译过程中的长距离依赖问题。第四，基于规则的机器翻译系统适应性强，完全不依赖于具体的双语训练语料，这一点不同于基于实例的机器学习方法，包括后来的统计机器翻译和神经机器翻译方法。

基于规则的机器翻译方法的最大问题，第一，人工书写翻译规则的难度很大，代价非常高，这一点也是被大家所诟病最多的，后来的基于实例的机器翻译方法主要攻击的也是这一点，认为机器学习方法可以脱离人工书写翻译规则的苦海。第二，人工书写翻译规则的主观因素重，因人而异，有时与客观事实有一定差距。第三，翻译规则的覆盖性差，特别是细颗粒度的翻译规则很难总结得全面，比如英语中的所有不规则动词，德语中的可分离前缀。第四，前面提到翻译规则通常是按照形式文法规范来书写的，有些复杂的语言现象难以描述。第五，翻译规则通常不具有优先级，系统调试非常枯燥乏味，并且新增加的翻译规则容易与之前存在的翻译规则发生冲突，称之为跷跷板现象，这个问题目前还没有很好的解决方法。

从实际应用的角度来看，基于规则的机器翻译方法不够好，经常会出现一些复杂句子或者不太规范的句子翻译失败的现象，本质上是找不到合适的翻译规则来完成整个翻译过程，简单来说就是容错能力较差。

5.2.2 基于实例的机器翻译

日本对机器翻译特别感兴趣。原因是该国当时很少有人会英语，他们认为在即将到来的全球化聚会上，这肯定是一个大问题。因此，日本人非常想找到一种机器翻译的工作方法。

然而基于规则的英日翻译极为复杂。语言结构完全不同，几乎所有单词都必须重新排列并添加新单词。1984 年，京都大学的长冈诚（Makoto Nagao）提出了使用现成短语替代重复翻译的想法。

假设我们必须翻译一个简单的句子："我要去电影院。"而我们已经翻译了另一个类似的句子："我要去剧院了"。我们可以在字典中找到"电影"一词。我们所需要做的就是弄清楚两个句子之间的区别，翻译丢失的单词，然后不要将其弄乱。这样的例子越多，翻译效果越好。

基于实例的机器翻译向来自世界各地的科学家展示了一个"窗口"：事实证明，只需为计算机提供现有的翻译，而无须花费时间制定规则和特例。这还称不上是革命，但显然是迈出了第一步。

5.2.3 统计机器翻译

1990 年初，IBM 研究中心首次展示了一个机器翻译系统，它对规则和语言学一无所知。它分析了两种语言的相似文本，并试图理解其中的模式。这个想法简单而美妙。将两种语言中相同的句子分解成单词，然后再进行匹配。这项操作重复了大约 5 亿次，以计算"Das Haus"翻译成"house""building""construction"的次数，等等。

如果大部分情况下源词被翻译成"house"，机器就会使用它。请注意，我们没有制定任何规则，也没有使用任何词典——所有的结论都是由机器完成的，由统计数据和"如果人们这样翻译，我也会这样翻译"的逻辑来完成。统计机器翻译（SMT）由此诞生。

该方法比所有以前的方法都更加有效和准确。我们使用的文本越多，翻译的效果就越好。

还剩下一个问题：机器如何将"Das Haus"一词与"building"一词相关联？

我们如何知道这些是正确的翻译？

答案是我们不知道。开始时，机器假定单词“Das Haus”与翻译句子中的任何单词均等相关。接下来，当“Das Haus”出现在其他句子中时，与“house”的相关数将增加。这就是“单词对齐算法”，这是一个机器学习的典型任务。

5.2.4 神经机器翻译

2013 年，纳尔·卡奇布恩那（Nal Kalchbrenner）和菲尔·布莱斯姆（Phil Blunsom）提出了一种用于机器翻译的新型端到端编码器——解码器架构。该模型使用卷积神经网络（CNN）将给定的源文本编码为连续向量，然后使用循环神经网络（RNN）作为解码器将状态向量转换为目标语言。他们的研究可视为神经机器翻译（NMT）的开端，NMT 是一种使用深度学习神经网络在自然语言之间进行映射的方法。NMT 的非线性映射不同于线性 SMT 模型，NMT 使用连接编码器和解码器的状态向量来描述语义等价。从另一个角度来理解—— 一个编码器只能将句子编码为一组特定的特征（状态向量），而另一个神经网络只能将其解码回文本。彼此都只知道自己的语言。这是另一种形式的国际语！

然而，梯度消失 / 爆炸问题使得 RNN 实际上很难处理长距离依赖的问题；对应地，NMT 模型起初也不能实现很好的性能。Seq2seq 模型使用 RNN 的变体 LSTM 作为编码器与解码器，由于 LSTM 中的门机制允许状态向量更新和遗忘，能够更好地捕捉长距离依赖，梯度消失、爆炸问题得以控制。注意力机制模拟了人类视觉专注局部的机制，当解码器解码时也应关注于当前输出最相关的单词部分。之后，NMT 的性能得到了显著的提升，带注意力的 seq2seq 模型成为 NMT 最先进的模型。

2017 年由谷歌提出的 transformer 模型解决了 RNN 模型不能并行训练的问题，极大地提高了神经网络的训练速度，并且谷歌在论文中强调了注意力的重要性。

在两年内，神经网络超越了过去 20 年翻译中出现的一切。神经翻译减少了 50% 的单词顺序错误，17% 的词汇错误和 19% 的语法错误。神经网络甚至学会了用不同语言协调性别和大小写，而且没有人教他们这样做。

最明显的改进发生在从未使用直接翻译的领域。统计机器翻译方法始终以英语为主要来源。因此，如果从俄语翻译为德语，则机器首先将文本翻译为英语，然后再从英语翻译为德语，这会造成双重损失。神经翻译不需要这样，只需解码器即可工作。这使首次没有普通词典的语言之间的直接翻译成为可能。

5.3 seq2seq 模型

seq2seq 是一个编码器—解码器结构的模型，如图 5-4 所示，编码器的输入是一个可变长度的序列，它将输入文本编码为固定长度的上下文向量。理想情况下，这个向量中包含了输入序列中的所有信息。然后解码器对这个向量进行解码，输出一个可变长度的序列。

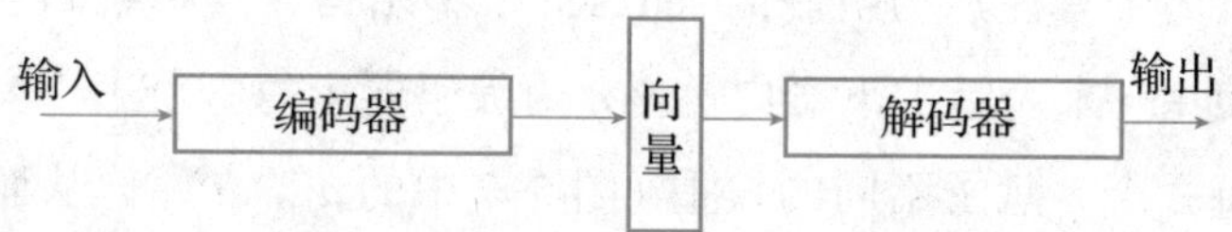

图 5-4 编码器—解码器结构的模型

由于输入输出为可变长度的序列，因此多数神经网络使用 RNN 作为编码器与解码器。图 5-5 所示为一个基于 RNN 的编码器结构，其中 $(x_1, x_2, x_3, \cdots x_n)$ 为我们的输入序列，x_i 表示句子中的第 i 个文字。在 t 时刻，我们将 (x_t, h_{t-1}) 输入 RNN，得到其输出 h_t，之后重复这一步骤直到所有的输入序列全部输入到 RNN 中，得到最终的编码后的向量 h_n。这就是一个编码器的主要流程。在 $t=1$ 时，h_0 初始化为 0。

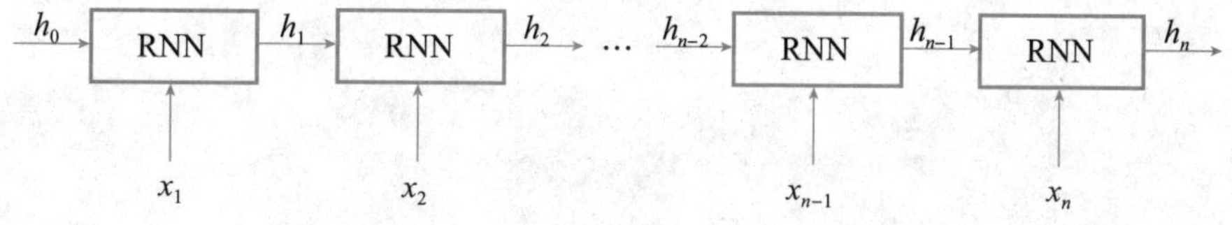

图 5-5 基于 RNN 的编码器结构

图 5-6 所示为一个基于 RNN 的解码器结构，其中 $(y_1, y_2, y_3, \cdots y_m)$ 为我们的输出序列。解码器将编码器输出的上下文向量 h_n 和 y_0（初始化为 0）作为初始的输入。类似于编码器，在 t 时刻，我们将 (h_t, y_{t-1}) 输入 RNN，得到其输出 y_t，之后重复这一步骤直到解码器输出序列的终止符。

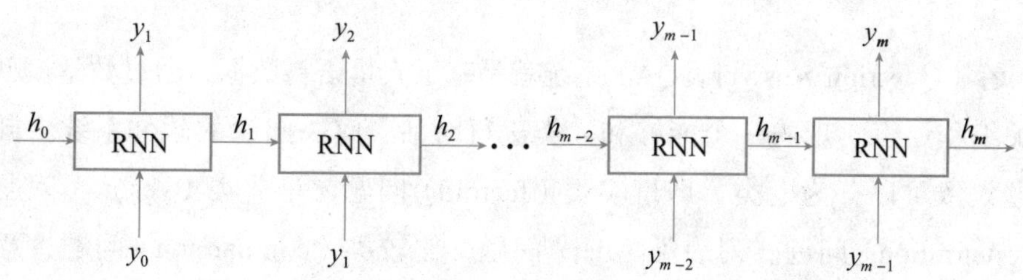

图 5-6 基于 RNN 的解码器结构

5.3.1 注意力机制

注意力机制是编码器—解码器结构的神经网络一个非常重要的概念。举个例子，当你翻译“I want an apple”这样一个非常简单的句子的时候，你的翻译结果的第一个字“我”是仅仅与第一个单词“I”相关的。但在上面的seq2seq模型中，解码器需要从编码器的最终输出向量h_n中解码出第一个单词。如果输入序列很长，单词自身的信息已经丢失，解码器不能解码。因此，我们需要引入注意力机制。

图5-7所示为带有注意力机制的seq2seq模型结构，其中编码器保持不变，在解码器中我们使用c_i来表示上下文向量。c_i为编码器中每一个上下文向量h_i的加权之和。我们为每一个h_i赋予不同的权重（图5-7中的$a_{1,1}$，$a_{1,2}$），从而达到注意力放在局部某个单词的目的。

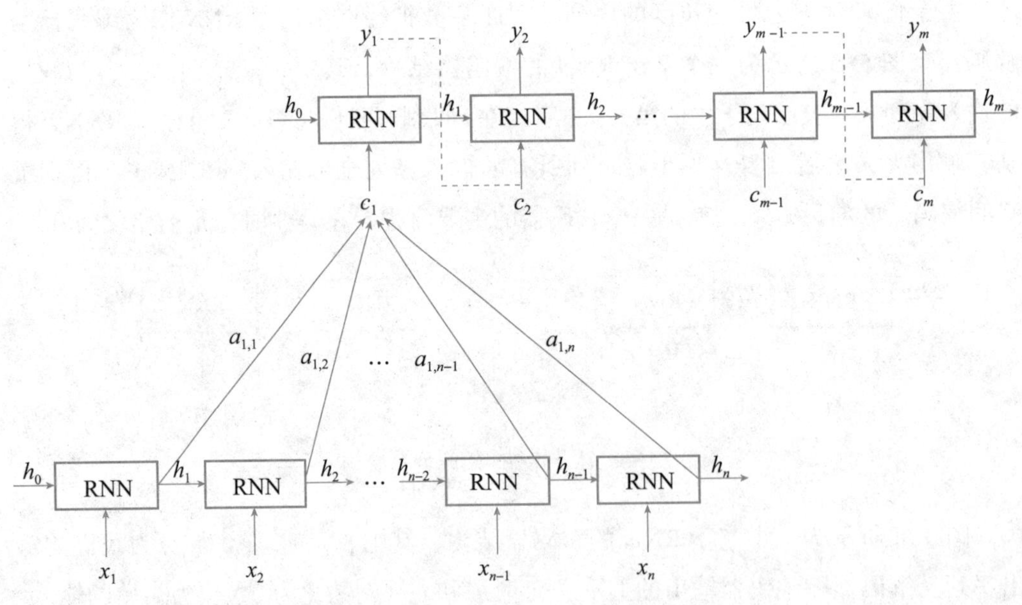

图5-7 带有注意力机制的seq2seq模型结构

5.3.2 问答系统

问答（Question Answer，QA）系统就是基于大量语料数据，通过数学模型，通过相关编程语言实现的一个能够和人类进行对话、解决问题的软件系统。自然语言问题大致可以分为七类，即事实类（factoid）问题、是非类（yes/no）问题、定义类（definition）问题、列表类（list）问题，比较类（comparison）问题、意见类（opinion）问题和指导类（how-to）问题。

（1）事实类问题对应的答案是现实世界中的一个或多个实体。

（2）是非类问题对应的答案只能是“是”或者“否”。

（3）定义类问题对应的答案是关于问题中提到的某个实体的术语解释。

（4）列表类问题对应的答案通常是一个集合。

（5）比较类、意见类和指导类问题对应的答案通常较为主观。

问答系统的发展可以追溯到图灵测试，其可以看作是问答系统的一个蓝图。早期的两个比较著名的QA系统：BASEBALL（1961年）和LUNAR（1973年）。BASEBALL可用来回答美国一个季度棒球比赛的时间、地点、成绩等自然语言问题。LUNAR可帮助地质学家方便地了解、比较和评估阿波罗登月计划积累的月球资料和岩石的各种化学分析数据。这个时期主要是限定领域、处理结构数据的问答系统。在用户提问时，系统把用户的问题转换成SQL查询语句，从数据库中查询到数据提供给用户。

20世纪90年代，问答系统进入开放领域、基于文本的新时期。由于互联网的飞速发展，产生了大量的电子文档，这为问答系统进入开放领域、基于文本的时期提供了客观条件。特别是在1999年TREC（text retrieval conference）的QA track设立以来，极大地推动了问答系统的发展。

问答系统可以分为三个流程：（1）问题分析：分析问题，理解问题。（2）信息检索：根据问题的分析结果去缩小答案可能存在的范围。（3）答案抽取：从可能存在答案的信息块中抽取答案。根据答案的来源可以将问答系统分为：基于知识图谱的问答系统、基于信息检索的问答系统、基于问答对的问答系统。

1. 基于知识图谱的问答系统

基于知识图谱的问答通过将自然语言问题映射到结构化数据库上的查询来回答自然语言问题的想法，就像基于文本的问题解答范式一样，这种方法可以追溯到自然语言处理的最早时期，其基础是诸如BASEBALL之类的系统，它从棒球和统计数据的结构化数据库中提取答案。从文本字符串映射到任何逻辑形式的表示称为语义解析器。用于问答系统的语义解析器通常映射到谓词演算或查询语言。例如将“谁是阿里巴巴的创始人？”解析为：创建（?X，阿里巴巴）。

将问题解析为机器的查询语言后，我们就可以直接查询知识图谱获取答案，具体的流程如下：

（1）将问题的词语或单词与知识库中的实体或者关系进行映射，这些映射构成了一棵树的叶子节点。

（2）对叶子节点进行链接、求交和聚合三种操作，自下向上构建多棵语法树。

（3）使用一个预先训练好的机器学习模型，将正确的语法树区分出来，最终语法树的根节点则为输出的查询语句。

为了区分出正确的语法树，需要大量的带有逻辑表达式的自然语言标注数据，从而训练得到机器学习模型。但这仍只能满足有限的逻辑表达式，使用场景有限。

而另一种方法将基于知识图谱问答看作一个语义匹配过程。通过表示学习知识图谱以及问题的语义表示，得到低维空间的嵌入向量，再通过数值计算，直接匹配与用户问句语义最相似的答案。即问答任务就可以看成问句语义向量与知识谱图中实体、边的语义向量相似度计算的过程。具体的流程如下：

（1）问题编码：问题使用神经网络（通常为 Bi-LSTM）进行编码，得到问题的低维嵌入向量。

（2）答案编码：答案不能直接映射成词向量，一般是将答案分为四块编码。利用到答案实体、答案类型、答案关系、答案上下文信息。

（3）向量匹配：使用答案编码分别和问句向量做相似度计算，最终的相似度为几种相似度之和。

这种基于向量匹配的问答系统虽然不需要大量的自然语言标注数据，系统构建难度小，但其可解释性较差，并且在复杂问题上表现不好。

2. 基于信息检索的问答系统

基于信息检索的问答的目的是通过在网络上或其他文档集合中查找简短的文本段来回答用户的问题。基于信息检索的问答系统的基础是机器阅读理解，利用机器阅读理解技术进行问答即是对非结构化文章进行阅读理解而得到答案，可以分成匹配式问答、抽取式问答和生成式问答，目前绝大部分是抽取式问答。下面介绍抽取式问答的步骤。

（1）问题处理。

问题处理阶段的主要目标是提取问题，将问题形式化，传递给信息检索系统用来匹配潜在文档的关键字。一些系统还额外提取更多的信息，比如：答案类型、问题类型、焦点（问题中可能被答案所替代的单词）。对问题“哪个省份的省会人口最多?”有如下信息：

答案类型：城市。

问题：有最多人口的省会。

焦点：省会。

（2）信息检索。

问题处理阶段生成的查询被发送到信息检索引擎，从而产生一组文档，这些文

档按与查询问题的相关性进行排序。因为大多数答案提取方法都被设计用于较小的区域（例如段落），所以问答系统接下来将前 N 个文档分成较小的段落（例如章节、段落或句子）。这些可能已经在源文档中进行了细分，或者我们可能需要运行段落细分的算法。

然后，段落检索的最简单形式是将每个段落传递到答案提取阶段。一个更复杂的变体是通过对检索到的段落运行命名实体或答案类型分类来过滤段落，并丢弃不包含问题答案类型的段落。

我们还可以使用监督学习，通过以下特征对其余段落进行排名：

段落中正确类型的命名实体的数量。

段落中出现的问题关键词的数量。

段落中出现问题关键字的最长序列。

段落所在的文档的排名。

关键字与原始问题之间的相似度。

（3）答案抽取。

问答系统的最后一步是提取文章中的具体答案，比如回答“珠穆朗玛峰有多高？”这样的问题。这个任务通常是通过标记片段来完成的：给定一篇文章，识别组成答案的片段。

答案抽取的一个简单的基线算法是对候选文章运行一个命名实体识别器，并返回文章中正确答案类型的片段。因此，在下面的例子中，将从文章中提取画线命名的实体，作为对距离、数量问题的答案：

珠穆朗玛峰有多高?

珠穆朗玛峰的高度是 8848 米。(取整数)

然而许多问题（例如定义类问题）的答案往往不是特定的命名实体类型。因此，有关答案抽取的工作通常使用基于监督学习的更复杂的算法。这里介绍一个基于神经网络的答案抽取算法，即神经网络的答案抽取。

神经网络的答案抽取方法基于这样的直觉：问题及其答案在语义上与某种方式相似。它具体表现为：通过计算问题的低维嵌入向量和段落的每个片段的低维嵌入向量，然后选择其嵌入向量最接近问题嵌入向量的段落片段作为答案。

神经网络方法的答案抽取通常是在阅读理解任务的背景下设计的。阅读理解任务是自然语言理解的任务之一，也被作为问答系统中的阅读组件。

基于神经网络的机器阅读理解模型是给定问题 $Q\left(q_1, q_2, q_3, q_4,\cdots, q_l\right)$ 和段落 $P(p_1, p_2, p_3, p_4,\cdots, p_m)$，其输出是计算对于每个段落中的 p_i，它作为一个答案片

段的开头的概率，和它作为一个答案片段的结尾的概率。可以看到这是一个序列到序列的问题，因此可以使用编码器—解码器结构的神经网络结构。

图 5-8 所示为一个使用 RNN 的变体 LSTM 的答案抽取模型。网络左边对问题进行编码，然后将每一步的上下文向量加权求和，得到问题的嵌入向量。右边对可能包含问题的段落进行编码，对于每个 p_i 通过问题的嵌入向量，模型通过相似度计算其作为答案开始和结束的概率。

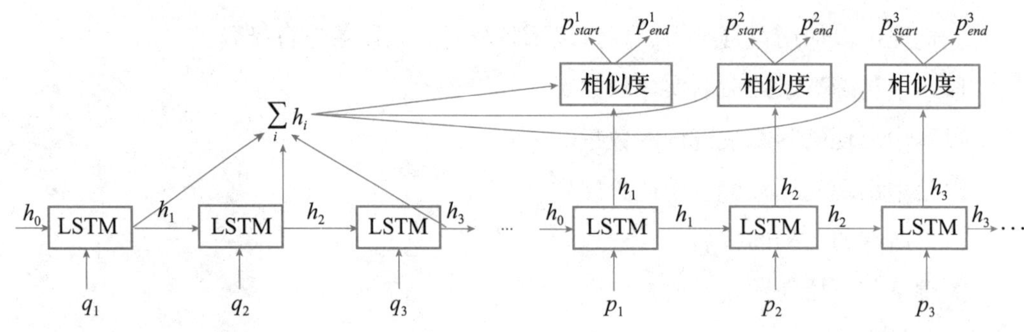

图 5-8　使用 RNN 的变体 LSTM 的答案抽取模型

3. 基于问答对的问答系统

随着互联网技术的成熟和普及，网络上出现了常问问题（frequent asked questions，FAQ）数据，特别是在 2005 年末以来大量的社区问答（community based question answering，CQA）数据（例如 Yahoo！ Answer）出现在网络上，即有了大量的问题答案对数据，问答系统进入了开放领域、基于问题—答案对时期。

FAQ 问答系统通常有两种实现：（1）相似问题匹配，即计算用户问题与现有知识库中的问题的相似度，返回用户问题对应的最精准的答案；（2）问题答案匹配，即计算用户问题与知识库中答案的匹配度，返回用户问题对应的最精准的答案，该方案是选择答案及 QA 匹配。这两种方案中都需要用到文本匹配计算。

5.4　对话系统与聊天机器人

对话系统按照其功能可以分为任务导向型与非任务导向型（也称聊天机器人）。面向任务的对话系统使用与用户之间的对话来帮助完成任务，比如，控制设备、查找餐厅、拨打电话。而聊天机器人专注于在开放的领域与人交谈，旨在模仿非结构化对话或人与人真实的聊天特征，主要用于娱乐，但也用于使面向任务的对话系统

变得更自然。在本节中，我们将讨论三种主要的聊天机器人架构：基于规则的聊天机器人、基于检索的聊天机器人和基于生成的聊天机器人。

5.4.1　基于规则的聊天机器人

ELIZA 是一个完全基于规则的聊天机器人，它模拟了一个心理医生 Carl Rogers。ELIZA 诞生于 MIT 人工智能实验室，历时三年（1964-1966）开发完成。

ELIZA 预定义好了很多模式（Pattern），每个模式都有其对应的转换方法（Transform）来生成答复，一个 Pattern+Transform 可以理解为一条规则。当对话遇到对应的模式时，ELIZA 会转换然后生成答复。举个例子：

(0 YOU 0 ME) [pattern]

(1 2 3 4) [index]

->

(WHAT MAKES YOU THINK I 3 YOU) [transform]

Transform 里的数字对应 index 位置的用户单词。按照这个规则，对话如下：

You hate me [用户]

->

WHAT MAKES YOU THINK I HATE YOU [聊天机器人]

ELIZA 给每条规则对应了一个关键词，不同关键字有不同的权重，因此，当一句话出现了多个关键词匹配时，优先使用权重高的规则。例如，“I know everybody laughed at me”这句话，有“I”和“everybody”两个关键词，但是前者更常见，后者更少见，权重更高，因此 ELIZA 会匹配与“everybody”相关的规则。

基于规则的聊天机器人需要大量的时间去构建规则，并且模型不够灵活，不能够很好地联系对话的上下文信息。因此随着互联网的发展，大量文本语料的产生，基于数据的聊天机器人逐渐成为主流，主要包括检索型与生成型。

5.4.2　基于检索的聊天机器人

基于检索的方法从候选回复中选择回复。准确来说，检索式模型的输入是一段上下文内容，和一个可能作为回复的候选答案，模型的输出是对这个候选答案的打分。寻找最合适的回复内容的过程是：先对一堆候选答案进行打分及排序，最后选出分值最高的那个作为最终回复。检索方法的关键是询问—回复匹配。直觉来说，一轮对话中的询问—回复中语义上相近的词越多，这个询问—回复越可能是一对正确的对话。这样的假设确实有一定的道理，但事实上询问—回复并不一定是语义上的相近，有时候询问—回复在语义向量上并没有什么相似性。匹配算法必须克服询问和回复之间的语义鸿沟。

模型选择一个自然的、与整个上下文相关的回复。重要的是要在之前的话语中找出重要的信息，并恰当地模仿话语的关系，以确保谈话的连贯性。

多轮对话的难点在于不仅要考虑当前的问题，也要考虑前几轮的对话情景。多轮对话的难点主要有两点：

（1）如何明确上下文的关键信息（关键词、关键短语或关键句）；

（2）在上下文中如何模拟多轮对话间的关系。

现有检索模型的缺陷：在上下文中容易丢失重要信息，因为它们首先将整个上下文表示为向量，然后将该上下文向量与相应 sentence 向量进行匹配。

5.4.3 基于生成的聊天机器人

深度学习在机器翻译中的成功应用，即神经机器翻译，激发了人们对神经生成对话研究的兴趣。聊天机器人的生成模型可以看成机器翻译的序列标注问题，即将问句编码之后得到嵌入向量，将这个向量作为解码器的输入，最终返回对问句的回复。

编码器—解码器模型的优点之一是可以更好地考虑对话上下文，使对话保持连贯和增进用户体验。在神经网络中可以输入代表整个对话历史（包括当前的信息），用连续的表示或嵌入单词和短语来解决上下文敏感的对话生成这一难题。

在当前 Seq2Seq 对话系统中，一个具有挑战性的问题是，它们倾向于产生无关紧要的或不明确的、普通的、几乎没有意义的回复，而这些回复常常涉及一些诸如“I don't know”“I am OK”这样的无意义回复。解决这类问题的一个很有效的方法是找到并设置一个更好的目标函数；另一个方法是增加模型的复杂度。

拓展阅读

世界上第一台聊天机器人——Eliza

人工智能历史上最为著名的软件——Eliza，也是最早的与人对话程序，是由系统工程师约瑟夫·魏岑鲍姆和精神病学家肯尼斯·科尔比在 20 世纪 60 年代共同编写的。它是世界上第一个真正意义上的聊天机器人。他们将程序命名为 Eliza，灵感来自英国著名戏剧家萧伯纳的戏剧《偶像》中的角色，它能够使计算机与人用英语谈话。在自然语言理解技术尚未真正取得突破性进展时，这是一个令人费解的现象。

魏岑鲍姆在他的《计算机能力与人类理性》一书中记述了一次 Eliza 典型的对话交流。

“男人都是一样的。”一位年轻女子给 Eliza 发出了这样一句话。

“这是从何说起呢？”Eliza 问。

“他们总是用这样那样的事来烦我们。”

“你能想出一个具体事例吗？”

“比如我男朋友非让我来这里。”

“是你男朋友让你来这儿的？”

“是，他说我总是很沮丧。”

“听到你不开心，我很难过。”

Eliza 得到了最简单形式的自然语言——模式匹配的支持。

而魏岑鲍姆同时也以“Eliza”质疑图灵所提出的“图灵测试”(Turing test)，原因在于“Eliza”程序运作建立在以人为主的互动模式，亦即针对人类提问内容分析主词关联，并且找到其中关键字词，做出相应回答。

其中更加入了对话引导的心理应用，让“Eliza”能依循提问内容重复说词，或是针对关键字词进行回答，借此满足提问者内心预期听到答案，进而达成让提问者认为对话对象是真人的目的。

因此魏岑鲍姆将上述情况命名为“Eliza”效应，认为并非人工智能理解人类想法，而是在与人类互动过程中所展现反应，让人类更愿意与其互动，甚至相信“Eliza”是真实存在的人类。

思考与练习

1. 基于规则的方法和基于统计的方法孰优孰劣？

2. 预训练的语言模型为什么能取得好效果？

3. 列举几个自然语言处理的领域，它们属于自然语言理解还是自然语言生成？

单元六

深度学习

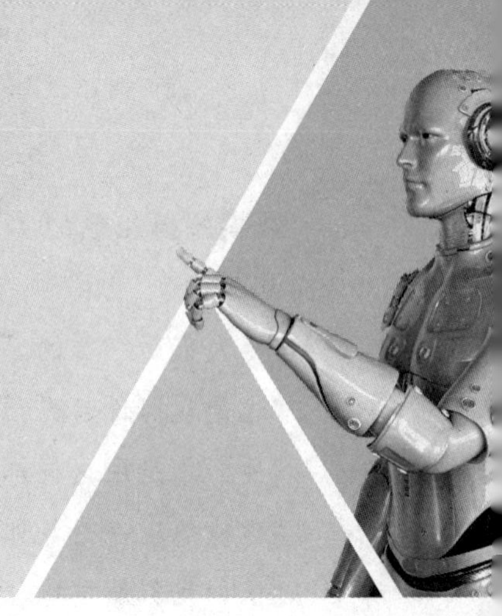

单元导读

几十年前人工智能还存在于实验室之中，它与我们相去甚远，而今天人工智能已经渗入我们生活的方方面面。谈起人工智能，就离不开神经网络。深度学习使计算机模仿视觉、听觉和思考等人类活动，解决了很多复杂的模式识别难题，使得人工智能取得了很大进步。本单元介绍了深度学习的基本概念，之后从几个经典的神经网络出发，希望读者可以更好地了解并掌握深度学习的知识。

学习目标

1. 掌握深度学习的基本概念。
2. 了解神经网络的基本模型。
3. 认识三种基本的神经网络结构。

6.1 概　述

深度学习的概念由辛顿（Hinton）等人于2006年提出，但它却有着悠久而丰富的历史。一般认为深度学习的雏形出现在控制论中。20世纪50年代中后期，基于神经网络的“连接主义”学习开始出现，但早期的人工智能研究人员偏爱符号主义，所以连接主义并未纳入主流的人工智能研究范畴。80年代中期连接主义重新受到人们关注。首先是神经网络求解“流动推销员问题”取得重大进展，其次是反向传播算法的提出，对神经网络产生了深远的影响。21世纪初，连接主义又以“深度学习”的名义掀起了人工智能的热潮。

深度学习的概念源于人工神经网络的研究。深度学习即机器学习，让机器自己能够学习知识。之所以用深度一词，主要是因为神经网络的层数变深，狭义上来讲就是“很多层”的神经网络。我们常常用深度学习这个术语来指训练多层神经网络的过程。

6.2 神经元模型

历史上，科学家一直希望模拟人的大脑，造出可以思考的机器。人为什么能够思考？科学家发现，原因在于人体的神经网络，如图 6-1 所示。生物神经网络的工作流程可以简要地概述为以下 4 步：

（1）外部刺激通过神经末梢，转化为电信号，转导到神经细胞（又叫神经元）。

（2）电信号最终传导到由无数神经元所构成神经中枢。

（3）神经中枢综合各种信号，做出判断。

（4）人体根据神经中枢的指令，对外部刺激做出反应。

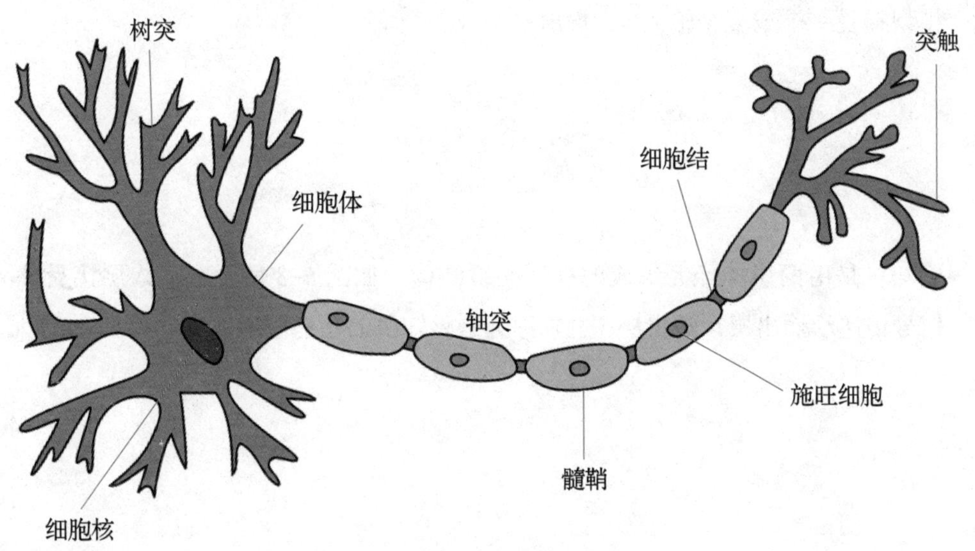

图 6-1 生物神经元

既然思考的基础是神经元，如果能够有“人造神经元”（artificial neuron），就能组成人工神经网络，模拟思考。在生物神经网络中，每个神经元都与其他神经元相连。当它“兴奋”时，它会向连接的神经元发送化学物质，从而改变连接神经元中的电位；如果神经元的电位超过了阈值，它就会被激活，并向其他神经元发送化学物质。

1943 年 McCulloch 和 Pitts 将上述的生物神经网络中的神经元抽象为如图 6-2 所示的简单模型，这就是一直沿用至今的“M-P 神经元模型”。在这个模型中，一个神经元的输入来自其他 n 个神经元传递过来的信号，输入信号通过带权重的连接进行传递，神经元计算接收到的总的输入值，然后通过“激活函数”产生神经元的输出。

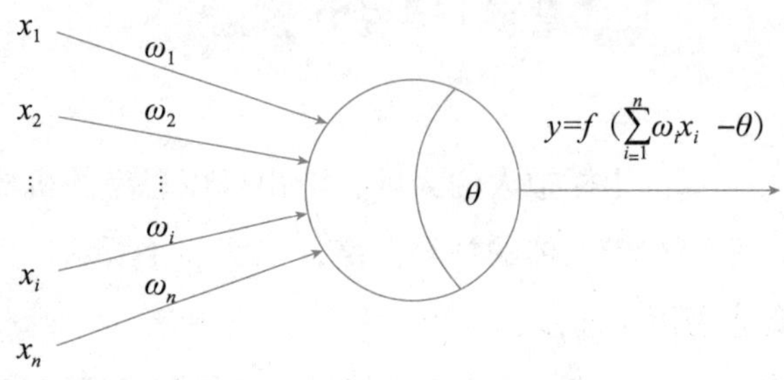

图 6-2　M-P 神经元模型

把许多个这样的神经元按一定的层次结构连接起来，就得到一个神经网络。从数学的角度来看，神经网络就是一个包含了很多参数（ω_i，f）的数学模型（函数），这个模型接受一个或多个输入 x，输出一个或多个 y。

6.3　感知机

感知机是由两层神经元组成的神经网络结构，如图 6-3 所示，输入层接受外界输入信号传递给输出层，输出层（也被称为是感知机的功能层）是一个 M-P 神经元。

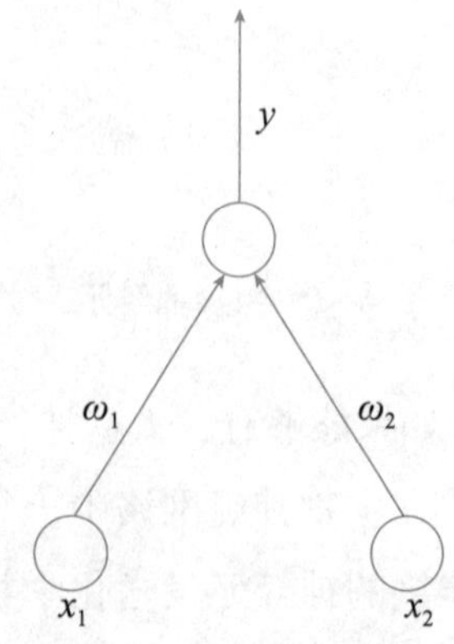

图 6-3　含有 2 个输入神经元的感知机网络结构

感知机可以很容易地实现逻辑与、或、非运算。与、或、非运算是一个二元函数，其输入为x_1，$x_2 \in \{0,1\}$，输出为$y \in \{0,1\}$。表 6–1 为与运算真值表。

表 6–1　与运算真值表

x_1	x_2	y
0	1	0
1	0	0
1	1	1
0	0	0

从图 6–2 中我们知道 M–P 神经元的输出为$y = f\left(\Sigma_i \omega_i x_i - \theta\right)$，我们令$f(x) = \begin{cases} 1 & x \geqslant 0 \\ 0 & x \leqslant 0 \end{cases}$，$\omega_1 = \omega_2 = 1$，$\theta = 2$，则$y = f\left(1 \cdot x_1 + 1 \cdot x_2 - 2\right)$，仅当$x_1 = x_2 = 1$时，$y = 1$。

更一般地，在给定的训练数据集X上，权重ω_i，以及阈值θ，可以通过梯度下降算法学习得到。感知机的学习规则非常简单，对于训练集上的一个样本(x, y)，若感知机的输出为$\hat{y}$，则感知机的参数调整为：

$$\omega_i \leftarrow \omega_i + \Delta\omega_i \# \tag{1}$$

$$b \leftarrow b + \Delta b \# \tag{2}$$

$$\Delta\omega_i = \eta\left(y - \hat{y}\right)x_i \# \tag{3}$$

$$\Delta b = \eta\left(y - \hat{y}\right) \# \tag{4}$$

其中$\eta \in (0,1)$，称为学习率，从式（1），（2）可以看出，如果感知机输出正确，即$y = \hat{y}$，那么感知机的参数不会发生变化，否则感知机将根据错误的程度对参数进行调整。

这里说明了感知机如何解决与问题，并通过梯度下降的学习规则，说明感知机如何学习参数。但是感知机的学习能力非常有限，因为其只有输出层神经元具有激活函数，即只有一层功能神经元。事实上，感知机所解决的与、或、非问题都是线性可分问题，即存在着一个超平面将$y = 0$或$y = 1$的点分开。可以证明对于线性可分的问题，感知机的学习过程一定会收敛而求得适当的参数ω_i，否则感知机的学习过程将发生振荡，即ω_i难以稳定，无法求得合适的解。例如感知机甚至无法解决异或这样简单的线性不可分问题。如图 6–4 所示。

要解决线性不可分的问题，我们需要使用多层功能神经元，即带有激活函数的神经元。多层神经元能够解决线性不可分问题的本质是激活函数是非线性的，它为整个神经网络带来了非线性，最终可以解决线性不可分问题。大多数的问题都是线性不可分，尤其是计算机视觉、自然语言处理领域的问题。因此更一般的网络是如图 6-5 所示的层级结构。其中每层神经元与下一层神经元全互连，同层神经元之间不存在连接，也不存在跨层连接。这样的神经网络结构通常称为“多层前馈神经网络”。

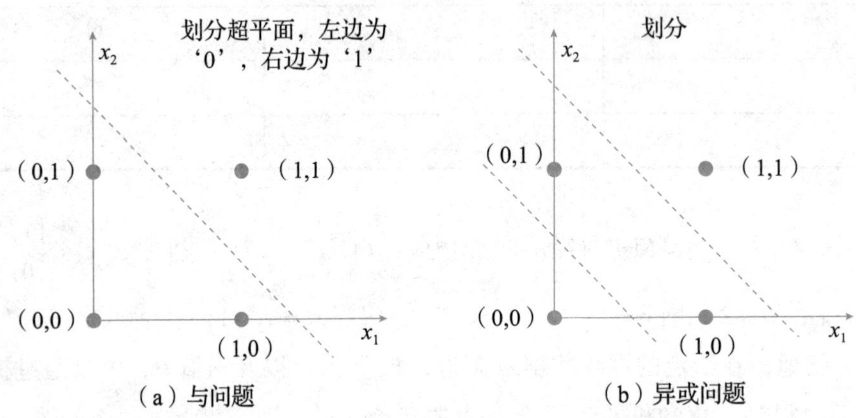

图 6-4　线性可分的与问题与线性不可分的异或问题

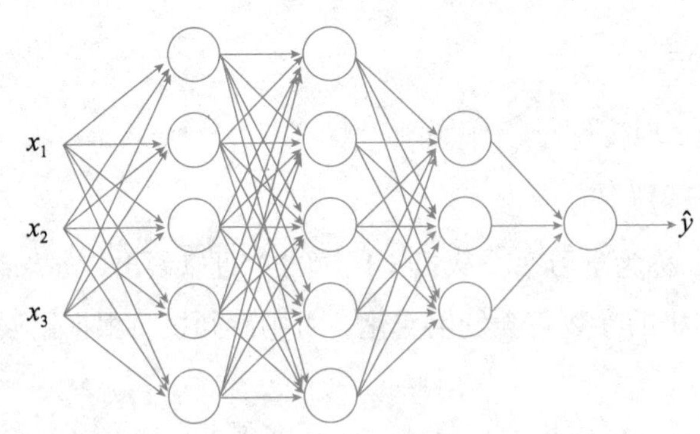

图 6-5　多层前馈神经网络结构

6.4 深度神经网络

深度神经网络由感知机推广而来，也被称为多层感知机、深度前馈神经网络。其结构如图 6-6 所示，我们将第一层称为输入层，最后一层称为输出层，中间的层称为隐层。隐层数量并没有限制，这也是为什么被称为深度神经网络的原因，因为

我们可以增加很多个隐层，使得网络非常的深。

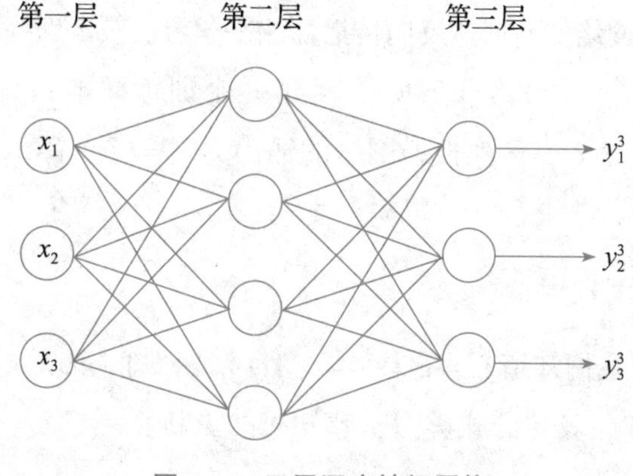

图 6-6　三层深度神经网络

6.4.1　前向传播

前向传播指的是信息从第一层逐渐地向高层进行传递的过程，也就是图 6-6 中从输入 x_1，x_2，x_3，到输出 y_1^3，y_2^3，y_3^3，的过程。下面以图 6-6 为例说明前向传播的过程。

图 6-6 中第一层为输入层，输入信息为 $\left[x_1，x_2，x_3\right]$。对于第 L 层，我们用 y^l 表示第 L 层的输出，其输入为前一层的输出 y^{l-1}，ω^l，b^l 为第 L 层的权重参数。$g^l\left(x\right)$ 为激活函数。那么图 6-6 中第二层的输出可以表示为：

$$y^2 = g^2\left(\omega^2 y^1 + b^1\right)\# \tag{5}$$

其中 $y^1 = \left[x_1，x_2，x_3\right]$（因为第一层为输入层）。具体的，对于第二层的第 i 个神经元来说，其输出为：

$$y_i^2 = g^2\left(\sum_{j=1}^{n}\omega_{ij}^2 y_j^1 + b_i^2\right)\# \tag{6}$$

其中 y_j^1 表示来自第一层神经元 j 的输入，ω_{ij}^2，b_i^2 表示连接神经元 i，j 权重与阈值。我们可以将第二层的前向传播计算过程推广到网络中的任意一层，则：

$$\begin{cases} y^l = g^l\left(z^l\right) \\ z^l = \omega^l y^{l-1} + b^l \end{cases}\# \tag{7}$$

6.4.2　反向传播

深度神经网络的学习比单层感知机强很多，但要训练一个深度神经网络使用单层感知机的学习规则显然是不行的，因为存在多层的网络结构，无法直接对中间隐层利用损失来进行参数更新，需要更强大的学习算法。反向传播算法就是其中最杰出的代表，它是最成功的神经网络学习算法。

下面来说明神经网络如何通过反向传播算法来学习。假定训练集为$D=\{(x_1,\ y_1),(x_2,\ y_2),\ldots,(x_n,\ y_n)\}$，$x_i\in \mathrm{R}^d$，$y_i\in \mathrm{R}^k$。对于一个训练样本$(x_m,\ y_m)$，根据前向传播算法，可以得到一个$L$层深度神经网络的输出为$\hat{y}^l=\left(\hat{y}_1^l,\ \hat{y}_2^l,\ldots,\ \hat{y}_k^l\right)$，那么神经网络的误差可以定义为：

$$J=\frac{1}{2}\sum_{j=1}^{k}\left(\hat{y}_j^l-y_j\right)\# \tag{8}$$

根据前向传播，我们知道$\hat{y}^l=g^l\left(z^l\right)=g^l\left(\omega^l y^{l-1}+b^l\right)$，因此可以很容易地使用梯度下降来更新$\omega^l$和$b^l$，具体公式类似于感知机的更新：

$$\omega^l\leftarrow\omega^l+\Delta\omega^l$$

$$b^l\leftarrow b^l+\Delta b^l$$

$$\Delta\omega^l=-\eta\frac{\partial J}{\partial y^l}\cdot\frac{\partial y^l}{\partial z^l}\cdot\frac{\partial z^l}{\partial w^l}$$

$$\Delta b^l=-\eta\frac{\partial J}{\partial y^l}\cdot\frac{\partial y^l}{\partial z^l}\cdot\frac{\partial z^l}{\partial b^l}$$

其中 $\eta\in(0,1)$，为学习率。但是对于隐含层的输出，我们无法直接计算它的误差。但是同样根据前向传播，我们知道隐层$L-1$层的输出为$\hat{y}^{l-1}=g^{l-1}\left(z^{l-1}\right)=g^{l-1}\left(\omega^{l-1}y^{l-2}+b^{l-1}\right)$，那么我们可以根据$L$层输出的误差$J$，依据链式求导法则，从而更新$L-1$层的参数$\omega^{l-1}$和$b^{l-1}$。具体更新公式为：

$$\omega^{l-1}\leftarrow\omega^{l-1}+\Delta\omega^{l-1}$$

$$b^{l-1}\leftarrow b^{l-1}+\Delta b^{l-1}$$

$$\Delta\omega^{l-1}=-\eta\frac{\partial J}{\partial y^{l-1}}\cdot\frac{\partial y^{l-1}}{\partial z^{l-1}}\cdot\frac{\partial z^{l-1}}{\partial w^{l-1}}$$

$$\Delta b^{l-1}=-\eta\frac{\partial J}{\partial y^{l-1}}\cdot\frac{\partial y^{l-1}}{\partial z^{l-1}}\cdot\frac{\partial z^{l-1}}{\partial b^{l-1}}$$

同样，我们可以重复这个步骤，更新再前面一层的神经网络的参数。我们可以将这个过程推广到神经网络中的任意一层。对于第L层，定义其输入为dy^l，输出为dy^{l-1}，$d\omega^l$，db^l，反向传播的过程可以写作：

$$dz^l=dy^l\cdot g^{[l-1]'}\left(z^l\right)$$

$$d\omega^l=dz^l\cdot y^{l-1}$$

$$db^l=dz^l$$

$$dy^{l-1}=\omega^l dz^l$$

对于最后一层，其输入 dy^l 为 $\frac{\partial J}{\partial y^l}$，我们使用反向传播计算每一层参数的梯度，然后使用梯度下降法，根据误差来调整每一层的参数。

6.4.3　为什么深度有效

我们都知道深度神经网络能解决好多问题，其实并不需要很大的神经网络，但是得有深度，得有比较多的隐藏层，这是为什么呢？我们一起来看几个例子，来理解为什么深度神经网络会很好用。

首先，深度网络究竟在计算什么？如果你在建立一个人脸识别或是人脸检测系统，当你输入一张脸部的照片，可以把深度神经网络的第一层当成一个特征探测器或者边缘探测器去找这张照片的各个边缘。比如脸部的边缘，眼睛、鼻子等部位的边缘。在找到边缘之后，第二层可以把被探测到的边缘组合成面部的不同部分。比如说，可能有一个神经元会去找眼睛的部分，另外还有别的神经元在找鼻子的部分，然后把这许多的边缘结合在一起，就可以开始检测人脸的不同部分。最后第三层再把这些部分放在一起，比如鼻子、眼睛、下巴，就可以识别或是检测不同的人脸。

这种从简单到复杂的金字塔状表示方法或者组成方法，也可以应用在图像或者人脸识别以外的其他数据上。比如当你想要建一个语音识别系统的时候，需要解决的就是如何可视化语音，比如你输入一个音频片段，那么神经网络的第一层可能就会去试着探测比较低层次的音频波形的一些特征，比如音调是变高了还是变低了，分辨白噪音、咝咝咝的声音，或者音调，可以选择这些相对程度比较低的波形特征，然后把这些波形组合在一起，就能去探测声音的基本单元。

所以深度神经网络的这些许多隐藏层中，较早的前几层能学习一些低层次的简单特征，等到后几层，就能把简单的特征结合起来，去探测更加复杂的东西。比如你录在音频里的单词、词组或是句子，然后就能运行语音识别了。同时我们所计算的之前的几层，也就是相对简单的输入函数，比如图像单元的边缘什么的。达到网络中的深层时，实际上就能做很多复杂的事，比如探测人脸或是探测单词、短语或是句子。这是为什么深度学习效果有效的一个直觉解释。

6.5　卷积神经网络

深度神经网络应用计算机视觉时要面临一个挑战，就是数据的输入可能会非常大。举个例子，一个 64 × 64 的小图片，实际上，它的数据量是 64 × 64 × 3，因为每张图片都有 3 个颜色通道。如果计算一下的话，可得知数据量为 12 288，所以我们的输入向量维度为 12 288。这其实还好，因为 64 × 64 真的是很小的一张图片。如果你要操作更大的图片，比如一张 1 000 × 1 000 的图片，它足有 1M 那么大，但是特征向量的维度达到 1 000 × 1 000 × 3，因为有 3 个 RGB 通道，所以数字将会是 300 万。

如果你要输入 300 万的数据量，这就意味着，特征向量的维度高达 300 万。所以在第一隐藏层中，你也许有 1 000 个隐藏单元，而所有的参数组成了矩阵 W^1。如果你使用了标准的深度神经网络的全连接，这个矩阵的大小将会是 1 000 × 300 万。因为现在特征向量的维度通常用 3M 来表示 300 万。这意味着矩阵 W^1 会有 30 亿个参数，这是个非常巨大的数字。在参数如此大量的情况下，难以获得足够的数据来防止神经网络发生过于拟合与竞争，要处理包含 30 亿参数的神经网络，巨大的内存需求让人不太能接受。

但对于计算机视觉应用来说，你肯定不想它只处理小图片，你希望它同时也要能处理大图。为此，你需要进行卷积计算，它是卷积神经网络中非常重要的一块。下面介绍如何进行这种运算。

6.5.1 卷积运算

如图 6-7 所示，卷积运算输入为 5 × 5 的矩阵，为了进行卷积运算，你需要构造一个 3 × 3 的矩阵，在卷积神经网络的术语中，它被称为过滤器。这个卷积运算的输出将会是一个 3 × 3 的矩阵，你可以将它看成一个 3 × 3 的图像。下面来说明是如何计算得到这个 3 × 3 矩阵的。

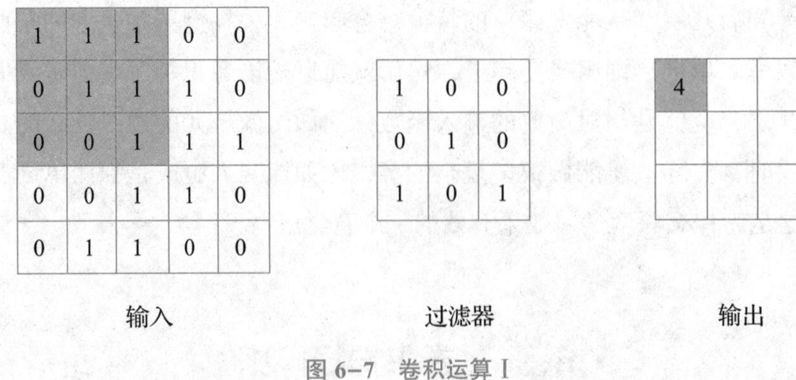

图 6-7　卷积运算 I

为了计算输出矩阵的第一个元素，在 3 × 3 左上角的那个元素，使用 3 × 3 的过滤器，将其覆盖在输入图像的绿色部分，如图 6-7 所示。然后进行元素乘法运算

(点乘)，所以$\begin{bmatrix} 1\times1 & 1\times0 & 1\times1 \\ 0\times0 & 1\times1 & 1\times0 \\ 0\times1 & 0\times0 & 1\times1 \end{bmatrix} = \begin{bmatrix} 1 & 0 & 1 \\ 0 & 1 & 0 \\ 0 & 0 & 1 \end{bmatrix}$，再将该矩阵每个元素相加得到最左上角的元素 4。接下来，为了计算第二个元素是什么，你要把绿色的方块，向右移动一步，如图 6-8 所示，继续做同样的元素乘法，然后加起来得到第二个位置的值。接着再重复这个步骤，计算完矩阵中的其他元素。因此 5 × 5 的矩阵和 3 × 3 矩阵进行卷积运算得到 3 × 3 矩阵。

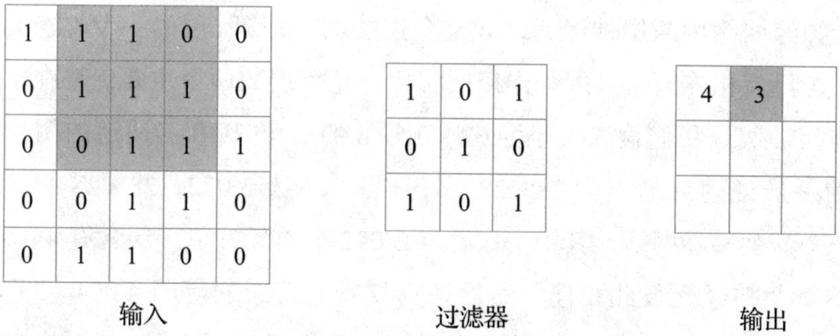

1	1	1	0	0
0	1	1	1	0
0	0	1	1	1
0	0	1	1	0
0	1	1	0	0

输入

1	0	1
0	1	0
1	0	1

过滤器

4	3	

输出

图 6-8　卷积运算Ⅱ

这些图片和过滤器是不同维度的矩阵，但左边矩阵容易被理解为一张图片，中间的这个被理解为过滤器，右边的图片我们可以理解为另一张图片。

6.5.2　池化层

除了卷积层，卷积网络也经常使用池化层来缩减模型的大小，提高计算速度，同时提高所提取特征的鲁棒性。

先举一个池化层的例子，然后我们再讨论池化层的必要性。如图 6-9 所示，输入是一个 4 × 4 矩阵，用到的池化类型是最大池化。执行最大池化的是一个 2 × 2 矩阵。执行过程非常简单，把 4 × 4 的输入拆分成不同的区域，把这个区域用不同颜色来标记。对于 2 × 2 的输出，输出的每个元素都是其对应颜色区域中的最大元素值。

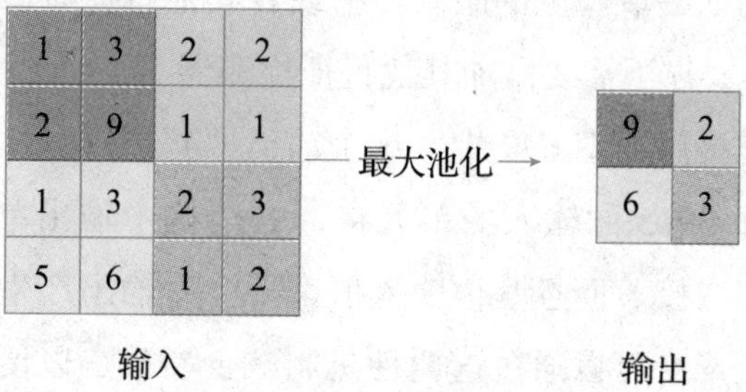

1	3	2	2
2	9	1	1
1	3	2	3
5	6	1	2

输入

—— 最大池化 →

9	2
6	3

输出

图 6-9　最大池化

对最大池化功能的一个直观理解是把这个 4×4 输入看作是某些特征的集合。也就是神经网络中某一层的输出值集合。数字大意味着可能探测到了某些特定的特征，左上象限具有的特征可能是一个垂直边缘，一只眼睛。另外还有一种类型的池化，平均池化，它不太常用，这种运算顾名思义，选取的不是每个过滤器的最大值，而是平均值。

6.5.3 为什么使用卷积

深度神经网络中两层神经元之间是全连接的，即第 i 层的一个神经元与 $i+1$ 层的每一个神经元相连。与只用全连接层相比，卷积层的两个主要优势在于参数共享和稀疏连接。假设我们输入大小为 $32 \times 32 \times 3$ 的一个 RGB 三通道的图片，经过神经网络的一层处理后输出为 $28 \times 28 \times 6$，$32 \times 32 \times 3$=3 072，$28 \times 28 \times 6$=4 704。我们构建一个深度神经网络，其中一层含有 3 072 个单元，下一层含有 4 074 个单元，两层中的每个神经元彼此相连，然后计算权重矩阵，它等于 $4\ 074 \times 3\ 072 \approx 1\ 400$ 万，要训练的参数很多。虽然以现在的技术，我们可以用 1 400 多万个参数来训练网络，因为这张 $32 \times 32 \times 3$ 的图片非常小，训练这么多参数没有问题。如果这是一张 $1\ 000 \times 1\ 000$ 的图片，权重矩阵会变得非常大。但是如果我们使用卷积层的话仅仅需要 6 个大小为 5×5 的过滤器。一个过滤器有 25 个参数，再加上阈值参数，那么每个过滤器就有 26 个参数，一共有 6 个过滤器，所以参数共计 156 个。参数数量是远远小于 1 400 万的。

卷积网络参数这么少有两个原因：

一是参数共享。观察发现，特征检测如垂直边缘检测如果适用于图片的某个区域，那么它也可能适用于图片的其他区域。也就是说，如果你用一个 3×3 的过滤器检测垂直边缘，那么图片的左上角区域，以及旁边的各个区域都可以使用这个 3×3 的过滤器。每个特征检测器以及输出都可以在输入图片的不同区域中使用同样的参数，以便提取垂直边缘或其他特征。它不仅适用于边缘特征这样的低阶特征，同样适用于高阶特征，例如提取脸上的眼睛、猫或者其他特征对象。因此在计算图片左上角和右下角区域时，你不需要添加其他特征检测器。

二是使用稀疏连接。在图 6-7 中，这个输出“4”是通过 3×3 的卷积计算得到的，它只依赖于这个 3×3 的输入的单元格，右边这个输出单元（元素 4）仅与 25 个输入特征中 9 个相连接。而且其他输入值都不会对输出产生任何影响，这就是稀疏连接的概念。神经网络可以通过这两种机制减少参数，以便我们用更小的训练集来训练它，从而预防过度拟合。

6.6 循环神经网络

循环神经网络（RNN）的提出是为了解决序列问题。序列的维度不像图片那样是固定的，比如对一个句子来说，其长度是变化的。当我们尝试用神经网络来解决一个序列问题，比如机器翻译，可以尝试的方法之一是使用标准的深度神经网络。假设我们有 9 个输入单词。想象一下，把这 9 个输入单词，可能是 9 个 one-hot 向量，然后将它们输入一个标准神经网络中，经过一些隐藏层，最终会输出 9 个值为 0 或 1 的项，它表明每个输入单词是否是人名的一部分。

但结果表明这个方法并不好，主要有两个问题：

一是输入和输出数据在不同例子中可以有不同的长度，不是所有的例子都有同样输入长度或同样输出长度的。即使每个句子都有最大长度，你也能够通过填充或零填充使每个输入语句都达到最大长度，但这并不是一个好的处理方式。

二是一个像这样单纯的神经网络结构，它并不共享从文本的不同位置上学到的特征。具体来说，如果神经网络已经学习到了在某个位置出现的 Harry 可能是人名的一部分，那么如果 Harry 出现在其他位置时，它也能够自动识别其为人名的一部分。这可能类似于在卷积神经网络中看到的，将部分图片里学到的内容快速推广到图片的其他部分，而我们希望对序列数据也有相似的效果。与在卷积网络中学到的类似，用一个更好的表达方式也能够减少模型中参数的数量。

图 6-10 所示为一个非常简单的循环神经网络，它含有一个输入节点、一个输出节点、一个隐层节点。可以看到循环神经网络包含了节点到自身节点的连接，不再是一个前馈神经网络。我们可以这样来理解，如果把上面有 W 的那个带箭头的圈去掉，它就变成了最普通的全连接神经网络。X 是一个向量，它表示输入层的值；

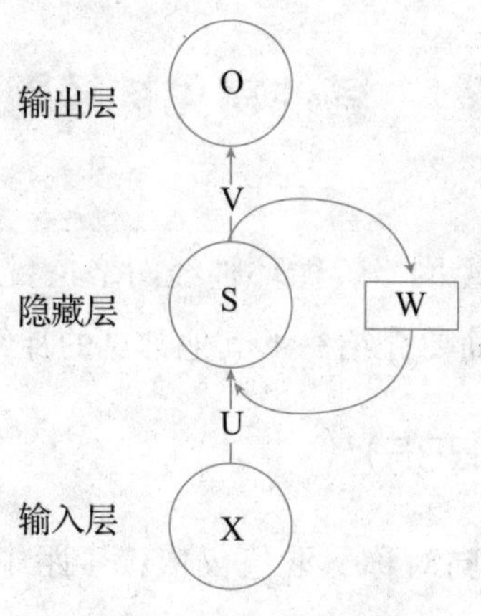

图 6-10　循环神经网络

S 是一个向量，它表示隐藏层的值。U 是输入层到隐藏层的权重矩阵，O 也是一个向量，它表示输出层的值；V 是隐藏层到输出层的权重矩阵。那么，现在我们来看看 W 是什么。循环神经网络的隐藏层的值 S 不仅仅取决于当前这次的输入 X，还取决于上一次隐藏层的值 S。权重矩阵 W 就是隐藏层上一次的值作为这一次的输入的权重。

在一个循环神经网络中，我们是将系列中的数据按照顺序一个一个输入网络的，具有时间上的先后关系。因此我们也可以按照时间线来展开这个神经网络。如图 6-11 所示。

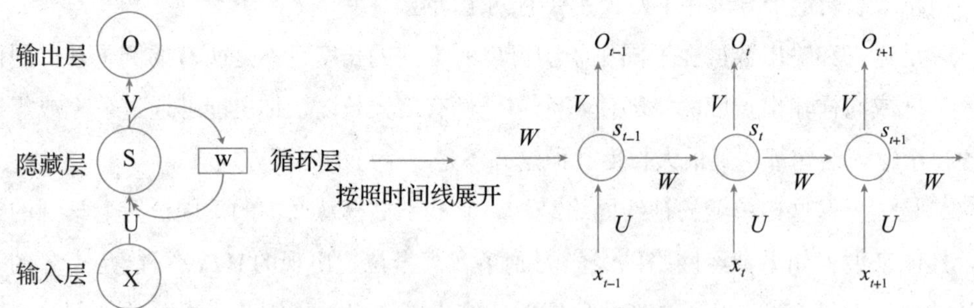

图 6-11　循环神经网络按时间线展开

现在看上去就比较清楚了，这个网络在 t 时刻接收到输入 x_t 之后，隐藏层的值是 s_t，输出值是 o_t。关键是 s_t 的值不仅仅取决于 x_t，还取决于 s_{t-1}。我们可以用下面的公式来表示循环神经网络的计算方法：

$$O_t = g\left(V \cdot S_t\right)$$

$$S_t = f\left(U \cdot X_t + W \cdot S_{t-1}\right)$$

6.7　其他常见神经网络

深度神经网络、卷积神经网络、循环神经网络是目前最常见的、主流的神经网络。除了这些算法外，本节简要介绍一下其他常见的神经网络。

6.7.1　径向基函数网络（RBF）

径向基函数是中心点径向对称、取值仅依赖于距中心点距离的非负实值函数。简单地说，就是该点的函数值只与该点距离中心点的距离有关。它使用径向基函数

作为隐层神经元的激活函数，输出层是对隐层神经元输出的线性组合。RBF 网络二点输出可以表示为：

$$y=\sum_{i=1}^{n} w_i \rho\left(x,\ c_i\right)$$

其中 n 为隐层神经元个数，w_i，c_i 为第 i 个神经元所对应的权重和中心，$\rho\left(x,\ c_i\right)$ 为径向基函数。

6.7.2　自适应谐振理论网络（ART）

在竞争型学习中，网络的输出神经元互相竞争，每一时刻仅有一个竞争获胜的神经元被激活，其他神经元都被抑制。自适应谐振理论网络是竞争型学习的代表，它由比较层、识别层、识别阈值和重置模块构成。比较层接收输入样本传递给识别层神经元。在接收到比较层的输入后，识别层神经元之间互相竞争易产生获胜神经元。ART 比较好地缓解了竞争型学习中的“可塑性—稳定性窘境”，可塑性是指神经网络对新知识的学习能力，而稳定性是指神经网络对旧知识的记忆。这就使得 ART 网络可以进行增量学习或在线学习。

6.7.3　玻尔兹曼机（BM）

玻尔兹曼机为神经网络的状态定义了一个“能量”，当能量最小化时网络达到理想的状态，网络的训练过程就是最小化这个能量函数，其神经元分为两层：显层与隐层。显层用于表示数据的输入输出，隐层可以理解为数据的内在表达。玻尔兹曼机中的神经元都是布尔类型的，即取值只能为 0、1。状态 1 表示激活，0 则表示抑制。

玻尔兹曼机是一种随机神经网络，借鉴了模拟退火思想。随机神经网络与其他神经网络相比有两个主要区别：

（1）在训练阶段，随机网络不像其他网络那样基于某种确定性算法调整权值，而是按某种概率分布进行修改。

（2）在预测阶段，随机网络不是按某种确定性的网络方程进行状态演变，而是按某种概率分布决定其状态的转移。神经元的净输入不能决定其状态取 1 还是取 0，但能决定其状态取 1 还是取 0 的概率。这就是随机神经网络算法的基本概念。

拓展阅读

杰弗里·辛顿（Geoffrey Hinton），被称为“神经网络之父”“深度学习鼻祖”，他曾获得爱丁堡大学人工智能的博士学位，是多伦多大学的特聘教授。2012年，辛顿获得加拿大基廉奖（Killam Prizes，有“加拿大诺贝尔奖”之称的国家最高科学奖）。2013年，辛顿加入谷歌公司并带领一个AI团队，他将神经网络带入到研究与应用的热潮，将“深度学习”从边缘课题变成谷歌等互联网巨头仰赖的核心技术，并将反向传播算法应用到神经网络与深度学习。

早在20世纪60年代，杰弗里·辛顿还在读高中时，就有一个朋友告诉他，人脑的工作原理就像全息图一样，创建一个3D全息图，需要大量的记录入射光被物体多次反射的结果，然后将这些信息存储进一个庞大的数据库中。大脑储存信息的方式居然与全息图如此类似，大脑并非将记忆储存在一个特定的地方，而是在整个神经网络里传播。这是杰弗里第一次真正认识到大脑是如何工作的，对他来说，这是人生的关键引导，也是他成功的起点。

为了对神经网络刨根问底，杰弗里·辛顿求学期间，在剑桥大学以及爱丁堡大学继续他的神经网络研究。在剑桥大学的心理学专业的本科学习中，杰弗里·辛顿发现，科学家们并没有真正理解大脑，人类大脑有数十亿个神经细胞，它们之间通过神经突触相互影响，形成极其复杂的相互联系，然而科学家们并不能解释这些具体的影响和联系，神经到底是如何进行学习以及计算的，对于杰弗里，正是他所关心的核心问题。

1986年，杰弗里·辛顿联合同事大卫·鲁姆哈特（David Rumelhart）和罗纳德·威廉姆斯（Ronald Williams），发表了一篇突破性的论文，详细介绍了一种反向传播算法。通过推导人工神经网络的计算方式，反向传播可以训练多层神经网络。

然而提出反向传播算法之后，杰弗里·辛顿并没有迎来事业的蓬勃发展，20世纪80年代末期，第二波人工神经网络热潮带来大量投资，因为1987年全球金融危机和个人计算机的发展，人工智能不再是资本关注的焦点。同时，当时的计算机硬件无法满足神经网络需要的计算量，也没有那么多可供分析的数据，辛顿的理论始终无法得到充分实践。到90年代中期，神经网络研究一度被打入冷宫，辛顿的团队在难以获得赞助的情况下挣扎。

2004年，学术界对他们的研究仍兴趣不大，而这时距离他们首次提出“反向传播”算法已经过了近20年。但也就在这一年，靠着少量的来自CIFAR以及LeCun和Bengio的资金支持，杰弗里·辛顿创立了Neural Computation and Adaptive Perception（NCAP，神经计算和自适应感知）项目，该项目邀请了来自计算机科学、生物、电子工程、神经科学、物理学和心理学等领域的专家参与，当时应该算是一个创举，

因为此前，科学家和工程师们各自为政，很少交叉合作。

2011 年，NCAP 研究成员同时也是斯坦福大学的副教授 Andrew Ng 在 Google 创立并领导了 Google Brain 项目。2012 年，计算机硬件的性能大幅提高，计算资源也越来越多，他的理论终于能在实践中充分发展。他带领两个学生利用卷积神经网络（CNN）参加了“ImageNet 大规模视觉识别挑战”比赛。比赛的其中一项是：让机器辨认每张图像中的狗是什么类型，从而对 100 多种狗进行分类。在比赛中，杰弗里·辛顿带着他的学生以 16% 的错误率获胜——这个错误率甚至低于人眼识别的错误率 18%，并且远低于前一年 25% 的获胜成绩，这让人们见识了深度学习的潜力，从此，深度学习一炮而红。

思考与练习

1. 既然“深度”有效，为什么不“无限”地加深神经网络？
2. 循环神经网络处理序列数据有什么缺点吗？
3. 什么样的函数适合作为激活函数？
4. 神经网络的参数可以初始化为 0 吗？为什么？
5. 有哪些方法可以防止神经网络过拟合？

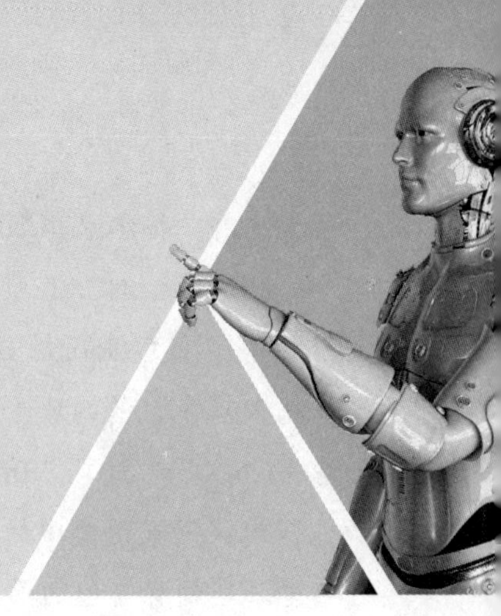

单元七 机器学习

单元导读

机器学习（Machine Learning）属于人工智能领域，其重点是开发用于自动获取知识的原理和技术。通过直接从现有数据库中提取知识，某些机器学习方法可以大大降低开发基于知识的软件成本。其他机器学习方法使软件系统可以在不需人工干预的情况下随时间改善其性能。人工智能是智能机器如计算机所执行的与人类智能有关的功能，如识别、判断、证明、学习等思维活动。这反映了人工智能学科的基本思想和内容，即人工智能是研究人类智能活动规律的一门学科。

学习目标

1. 了解机器学习的概念以及研究目标。
2. 熟知机器学习常用的方法。
3. 了解机器学习的发展历史。
4. 理解监督学习、无监督学习、半监督学习等常见机器学习方法。

7.1 简 述

现如今人工智能已经不再是一个小众化的研究课题了，全世界几乎所有的理工科类大学都在研究这门学科，甚至为此设立专门的研究机构。越来越多的学习计算机、自动控制和软件工程专业的本科生或研究生将人工智能作为自己的研究方向。在科学家的不懈努力下，如今计算机与原来相比已经变得十分聪明了，某些时候计算机已经可以完成原来只属于人类的工作，且其高速性和准确性是人类远不可及的。

机器学习是一门涉及多领域的交叉学科，其包含高等数学、统计学、概率论、凸分析、逼近论等多门学科。该学科专门研究计算机应如何模拟并实现人类的学习行为，以获取人类所不了解的新知识，并使计算机能够使用已有的知识或经验不断改善自身的性能以得到更加精确的知识。

当前，属于机器学习范畴的基于人工神经网络的深度学习技术是人工智能方向最热门的研究领域，被Google，Facebook，IBM，百度，NEC以及其他互联网公司广泛使用，用来进行图像和语音识别。人工神经网络从20世纪80年代兴起，经过科学家们的不懈努力，相关算法不断被优化并处于持续改进和创新之中，同时也受益于计算机技术的快速发展，现在科学家可以通过GPU模拟建立超大型的人工神经网络；互联网行业的快速发展，为深度学习提供了百万级的样本进行训练，在上述三个因素共同作用下，现在的语音识别技术和图像识别技术能够达到90%以上的准确率。

机器学习的研究目标有三个方向，第一个方向是从模拟人类的学习过程出发，试图建立学习的认识生理学模型，这个方向与认知科学的发展密切相关。第二个方向是基础研究，发展各种适合机器特点的学习理论，探讨所有可能的学习方法，比较人类学习与机器学习的异同与联系。第三个方向是应用研究，建立各种实用的学习系统或知识获取辅助工具，在人工智能科学的应用领域，机器人系统、专家系统等建立自动获取知识系统，积累经验，完善知识库与控制知识，进而能使机器的智能水平像人类一样。

机器学习的方法，可采用模拟人类学习的方法，也可根据机器自身的特点采用新的方法。更重要的是将两种方法结合起来，人类的知识和才能并非天赋的，生来就有的，而是后天不断学习的结果，人的学习过程就是一个认识过程，这个过程离不开人类的社会环境，实践、知识、认识三者相互反复作用，构成了认识论的总体模型，也为建立学习模型提供了依据。同时，人的学习具有生物学特性，儿童时期的学习最为基础，然而，人类的学习至少存在两大缺陷，学习过程非常缓慢和无法复制。机器的学习应充分运用人类学习方法上的研究成果，也应根据机器自身的特点，如快速、存储量大、易复制等优点，研究出适合机器特点的学习方法。

近年来，人们开始关注使用bagging，boosting或bootstrapping等技术来生成组合不同但同质的分类器。它们基于重复生成相同类型的模型，而不是不断进化的训练数据。这些方法能够减少模型方差。由于该方法对数据的扰动具有稳定性，因此不能应用于基于实例的学习周期。

7.2 机器学习常用的方法

决策树学习是一种利用决策树逼近离散函数的方法。树的节点中是属性，叶子中是离散函数的值。决策树可以用一组 if-then 规则重写。树学习方法是一种流行的归纳推理算法，主要用于各种分类任务（如诊断病例）。在树的生成中，通常使用熵作为属性的信息增益度量，最著名的方法是 ID3、C4.5 等。

神经网络学习方法提供了一个鲁棒的方法来逼近重值、离散值和向量值函数。众所周知的反向传播算法使用梯度下降来调整网络参数，使其最适合输入—输出对的训练集。这种方法受到神经生物学的启发，它模仿大脑的功能，在那里许多神经元相互连接，实例由许多输入—输出对表示。神经网络学习对训练数据中的错误具有良好的鲁棒性，并已成功地应用于语音识别、人脸识别等问题。

贝叶斯推理提供了一种概率推理方法。贝叶斯推理为直接操纵概率的学习算法提供了基础，也为分析其他算法的操作提供了框架。贝叶斯学习算法为假设计算明确的概率，如朴素贝叶斯，是某些类型中学习问题最实用的方法之一。在许多情况下，贝叶斯分类器与其他机器学习算法具有竞争力。例如，对于学习分类文本文档，朴素贝叶斯分类器是最有效的分类器之一。

强化学习解决了如何学会选择最佳的行动来达到它的目标。每当代理在它的环境中执行一个动作时，训练者可能会提供奖励或惩罚来表明结果状态的便利性。例如，当代理被训练去玩一个游戏，那么当游戏获胜时，训练者可能提供一个积极的奖励，当游戏失败时提供一个消极的奖励，而在其他状态时则提供零奖励。代理的任务就是从这种延迟的奖励中学习，选择一系列能产生最大累积奖励的行为。从延迟奖励中获得最优控制策略的算法称为 Q-learning。该方法可以解决学习控制移动机器人、学习优化工厂操作、学习规划治疗程序等问题。

归纳逻辑编程源于从例子中学习概念，是一种相对简单的归纳形式。概念学习的目的是从一组预先分类的例子中发现一组具有高预测能力的分类规则。ILP 理论是基于一阶谓词演算的证明理论和模型理论。归纳假设的形成，其特点是采用了逆分解、相对最小泛化、逆暗示和逆蕴涵等技术。该方法可用于从训练数据集创建逻辑程序，最终的程序能够生成该数据。创建逻辑程序非常依赖于任务的复杂性。在许多情况下，如果没有对最终程序的许多限制，这种方法是不可用的。ILP 成功地应用于数据挖掘，用于在大型数据库中寻找规则。

基于案例的推理（Case-Based Reasoning，CBR）是一种惰性学习算法，它通过

分析相似的实例来分类新的查询实例，同时忽略与查询有很大差异的实例。此方法在实例内存中保存以前的所有实例。实例可以用值、符号、树、各种层次结构或其他结构来表示。这是非泛化的方法。CBR 的工作周期是：案例检索—重用—解决方案测试—学习。这种方法受到生物学的启发，具体地说，是人类利用旧的类似情况的知识进行推理的结果。这种学习方法也被称为类推学习。CBR 范式涵盖了一系列不同的方法。广泛使用的是基于实例的推理（Instance-Based Reasoning，IBR）算法，它与一般的 CBR 主要区别在于表示实例。实例的表示很简单，通常是数值或符号值的向量。基于实例的学习包括 k 近邻（k-NN）和局部加权回归（LWR）方法。

支持向量机（SVM）是近年来非常流行的分类和优化方法。SVM 是由 Vapnik 等人在 1992 年引入的。这种方法结合了两个主要思想。第一个是最优线性边缘分类器的概念，它构造了一个分离超平面，使到训练点的距离最大化。第二个是内核的概念。核函数的最简单形式是计算两个训练向量的点积的函数。内核在特征空间中计算这些点积，通常没有明确地计算特征向量，而是直接对输入向量进行操作。使用特征变换将输入向量重新表示为新的特征时，即使新的特征空间具有更高的维数，也要在特征空间中计算点积。所以线性分类器不受影响。Margin maximization 提供了一个有用的权衡分类精度，这很容易导致训练数据的过拟合。支持向量机很好地适用于属性数量相对于训练示例数量较大的学习任务。

遗传算法提供了一种学习方法，其动机类似于生物进化，寻找一个合适的假设。当前种群的成员通过选择、交叉和突变等操作产生下一代种群。在每一步中，一个称为当前种群的假设集合被更新，方法是用当前最适合的假设的后代替换一部分种群。遗传算法已成功地应用于各种学习任务和优化问题。例如，遗传算法可用于其他 ML 方法，如神经网络或基于实例的推理，以获得最佳参数设置。

7.3　机器学习的发展

从 20 世纪 50 年代发展到现在，机器学习经历了推理期、知识期、学习期。

7.3.1　推理期

在推理期，只要给予机器逻辑推理能力，机器学习就具备智能。同时期产生了纽维尔（A.Newell）和西蒙（H.Simon）的 Logic Theorist 程序和 General Problem Solving 程序。但是这时的逻辑推理机器，不能满足人工智能研究的需求。

7.3.2 知识期

在 20 世纪 70 年代，人工智能的发展进入了知识期，知识期即由人把知识总结出来再教给计算机。这一时期发展了大量专家系统，人工智能在众多应用领域取得了大量成果。随着知识系统的发展，专家系统越来越复杂，人们发现这种人工总结知识教给计算机的做法非常困难，专家系统迎来了知识工程瓶颈。于是，人工智能迎来了学习期，即机器自己学习知识，也就是机器学习。

7.3.3 学习期

追溯机器学习的第一次出现，是在 1950 年图灵关于图灵测试的文章中。其后在 50 年代中后期基于神经网络的连接主义（Connectionism）学习开始出现，产生了诺森巴特（F.Rosenbatt）的感知机（Perceptron），威德罗（B.Widrow）的 Adaline 等。此时，基于 decision theory（决策理论）为基础的学习技术和强化学习技术发展迅速。随后在 20 世纪 80 年代，机器学习成为一个独立学科，各种机器学习技术百花齐放。1980 年第一届机器学习研讨会 IWML 在美国卡耐基梅隆大学（Carnegie Mellon University）举行。同期，各种机器学习专业期刊、有关机器学习的专辑文章雨后春笋般地出现。

80 年代，R.S.Michalski 等人和 E.A.Feigenbaum 等人在著名的《人工智能手册》中把机器学习划分为如下部分：

（1）R.S.Michalsk 等人提出从样例中学习，在问题求解和规划中学习，通过观察和发现学习，从指令中学习。

（2）E.A.Feigenbaum 等人提出归纳学习、机械学习、类比学习、示教学习。从样例中学习对应广义的“归纳学习”，即从训练样本中归纳出学习结果。

1. 决策树和基于逻辑的学习

80 年代，以决策树理论和基于逻辑的学习得到快速发展。

（1）决策树理论，信息熵作为变量出现的期望值，信息熵越小，系统越有序，信息熵的最小化成为决策树的目标。

（2）基于逻辑的学习，其中归纳逻辑程序设计（ILP）是使用一阶逻辑来进行知识表示，通过修改和扩充逻辑表达式来完成对数据的归纳。ILP 引入了逻辑表达式嵌套和函数，于是机器学习具备了强大的表达能力。但是同时带来了巨大的挑战，如给定 P 为一元谓词，f 为一元函数，可以组成 P(x)、P(f(x)) 等无限个，所以候选原子公式在规则学习过程中有无限个。在增加规则时，使得复杂度增加过高，而无法进行有效的学习。20 世纪 90 年代中后期这方面的研究相对进入低潮。

2. 基于神经网络的连接主义学习

90 年代前期，基于神经网络的连接主义学习发展成为主流技术。1986 年，D.E.Rumelhart 等人重新发明了著名的 BP 算法，产生了深远的影响，由于 BP 算法十分高效，使它在很多现实问题上发挥作用。在连接主义学习过程中，存在观点的多样性，可能会包含大量的参数，参数的选择全靠经验判断，没有理论依据，人工调整参数可能导致误差，学习结果将会差距很大。

3. 统计学习支持向量 SVM

90 年代中期，统计学习迅速崛起，支持向量机 SVM 成为其代表性技术。21 世纪初，深度学习快速发展，深度学习狭义的解释就是多层神经网络。计算机硬件处理技术与数据存储技术的发展，给深度学习带来了更加广阔的发展和应用，深度学习技术快速席卷了整个人工智能领域。处理器技术的发展也使得人工智能能够在数据和高运算能力下发挥它的作用。

7.4　监督学习

监督学习需要有明确的目标，很清楚自己想要什么结果。比如：按照“既定规则”来分类、预测某个具体的值……

监督并不是指人站在机器旁边看机器做的对不对，而是下面的流程：

（1）选择一个适合目标任务的数学模型。

（2）先把一部分已知的“问题和答案”（训练集）给机器去学习。

（3）机器总结出了自己的“方法论”。

（4）人类把“新的问题”（测试集）给机器，让它去解答。

上面提到的问题和答案只是一个比喻，假如我们想要完成文章分类的任务，则是下面的方式：

（1）选择一个合适的数学模型。

（2）把一堆已经分好类的文章和它们的分类给机器。

（3）机器学会了分类的“方法论”。

（4）机器学会后，再丢给它一些新的文章（不带分类），让机器预测这些文章的分类。

7.4.1　监督学习概述

监督学习也称有导师的学习，指在训练期间有一个外部导师告诉网络每个输入向量的正确的输出向量。学习的目的就是减少网络产生的实际输出向量和预期输出向量之间的差异。这一目标是通过逐步调整网络内的权值实现的，反向传播算法能够决定权值要改变多少。对于这种学习，网络在能执行工作前必须训练。当网络对于给定的输入能产生所需要的输出时，就认为网络的学习和训练已经完成。由此可以看到，监督学习的成分主要有：实际输出向量；预期输出向量；实际输出向量和预期输出向量之间存在的差异等。这样，就可以具体分析某一学习活动，根据其所包含的成分，从而推断其是否是监督学习。

从给定的训练数据集中学习出一个函数（模型参数），当新的数据到来时，可以根据这个函数预测结果。监督学习的训练集要求包括输入输出，也可以说是特征和目标。训练集中的目标是由人标注的。监督学习就是最常见的分类（注意和聚类区分）问题，通过已有的训练样本（即已知数据及其对应的输出）去训练得到一个最优模型（这个模型属于某个函数的集合，最优表示某个评价准则下是最佳的），再利用这个模型将所有的输入映射为相应的输出，对输出进行简单的判断从而实现分类的目的，也就具有了对未知数据分类的能力。监督学习的目标往往是让计算机去学习我们已经创建好的分类系统（模型）。

监督学习是训练神经网络和决策树的常见技术。这两种技术高度依赖事先确定的分类系统给出的信息，对于神经网络，分类系统利用信息判断网络的错误，然后不断调整网络参数。对于决策树，分类系统用它来判断哪些属性提供了最多的信息。常见的监督学习算法有回归分析和统计分类，最典型的算法是 KNN 和 DT。

7.4.2 典型监督学习算法

1. K- 近邻算法（k-Nearest Neighbors，KNN）

K- 近邻是一种分类算法，其思路是：如果一个样本在特征空间中的 k 个最相似（即特征空间中最邻近）的样本中的大多数属于某一个类别，则该样本也属于这个类别。K 通常是不大于 20 的整数。KNN 算法中，所选择的邻居都是已经正确分类的对象。该方法在定类决策上只依据最邻近的一个或者几个样本的类别来决定待分样本所属的类别。

算法的步骤为：

（1）计算测试数据与各个训练数据之间的距离；

（2）按照距离的递增关系进行排序；

（3）选取距离最小的 K 个点；

（4）确定前 K 个点所在类别的出现频率；

（5）返回前 K 个点中出现频率最高的类别作为测试数据的预测分类。

2. 决策树（Decision Trees，DT）

决策树是一种常见的分类方法，其思想和“人类逐步分析比较然后做出结论”的过程十分相似。决策过程如图 7-1 所示。

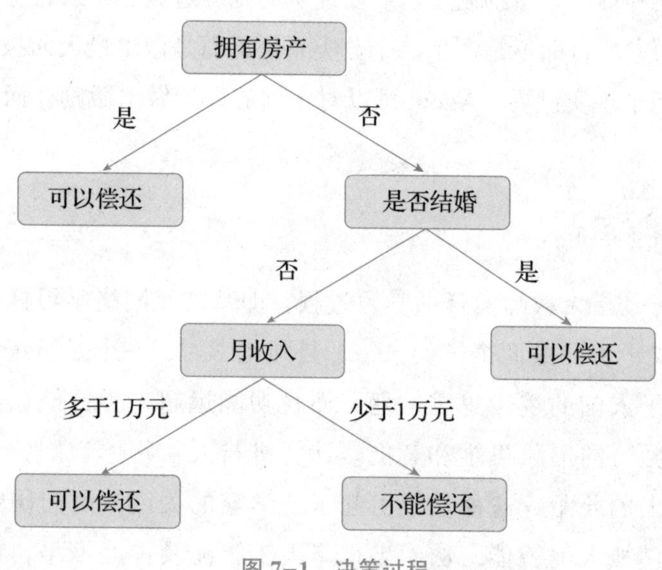

图 7-1 决策过程

决策树是一个树结构（可以是二叉树或非二叉树），其每个非叶节点表示一个特征属性上的测试，每个分支代表这个特征属性在某个值域上的输出，而每个叶节点存放一个类别。使用决策树进行决策的过程就是从根节点开始，测试待分类项中相应的特征属性，并按照其值选择输出分支，直到到达叶子节点，将叶子节点存放的类别作为决策结果。

不同于贝叶斯算法，决策树的构造过程不依赖领域知识，它使用属性选择度量来选择将元组最好地划分成不同的类的属性。所谓决策树的构造，就是进行属性选择度量确定各个特征属性之间的拓扑结构。

7.5 无监督学习

输入数据没有被标记，也没有确定的结果。样本数据类别未知，需要根据样本间的相似性对样本集进行分类（聚类，clustering）试图使类内差距最小化，类间差距最大化。通俗点讲就是实际应用中，不少情况下无法预先知道样本的标签，也就是说没有训练样本对应的类别，因而只能从原先没有样本标签的样本集开始学习分类器设计。

无监督学习目标不是告诉计算机怎么做，而是让它（计算机）自己去学习怎样做事情。无监督学习的一种思路是：在指导 Agent 时不为其指定明确分类，而是在成功时，采用某种形式的激励制度。需要注意的是，这类训练通常会置于决策问题的框架里，因为它的目标不是产生一个分类系统，而是做出最大回报的决定，这种思路很好地概括了现实世界，Agent 可以对正确的行为做出激励，而对错误行为做出惩罚。

7.5.1 无监督学习概述

无监督学习是指无教师监督的学习过程，即其神经网络学习样例是不带类别标号。它在广义上可分成两个子类，一个是强化学习，一个是自组织学习。计算机的出现解决了人脑的逻辑思维问题，而且功能远超人类，但在当前，计算机很难代替人脑独特的形象思维和智能。计算机与人在物体识别方面，花费时间和正确率有很大的差距。这种差距引起了科学家的关注，他们研究用工程方法来实现或近似模拟人类智能，从而出现了人工智能及神经网络，但这些都有一定的缺陷。然后，一种结合人对智能和对世界的理解、模拟人眼视觉和人类智能的新的智能处理方法——无监督学习出现了，其最常见的应用场景是用于故障诊断。

人工神经网络是由许多人工神经单元组成的，每个单元能依照“映射”并行计算，同时可通过样例学习。样例的输出是已知的，又称有监督学习。反之，有一种方法是根据神经元自己所处的状态学习的。假设两个神经元输出分别为 x_i、y_i，$w_{ij}(=x_iy_i)$ 为它们之间的连接权，如果两个神经元都处于兴奋的状态，则 w_{ij} 值高；若都处于抑制状态，即 $w_{ij}=0$。这种方法称为无监督的学习。

无监督学习也是自组织学习系统，学习没有外部监督。自组织学习的训练目标不是产生一个分类系统，而是对那些正确或错误的行为做出激励或处罚。所以必须有网络表达质量的任务度量，让学习根据这个度量来最优化网络。为了完成自组织学习，我们可以使用竞争性学习规则。所谓强化学习，是指在此过程中，并不直接告诉机器要做什么或采取哪些行动，而是机器通过一些已有的不确定的信息来进行学习，做出最优的策略，得到最多的奖励来自己发现。机器所响应的动作的影响不仅是即刻得到的奖励，还影响接下来的动作和一连串的奖励。强化学习的目标是将代价函数最小化。

7.5.2 自组织学习的相关形式

自组织映射（SOM）是基于竞争学习的，在SOM里，神经元被放置在网格节点上，这个网络通常是一维或是二维的，更高维的映射不常见。在竞争学习过程中，用不同输入模式刺激，网络选择性地调整，形成对不同输入特征的机系。

自组织目标函数的互信息：在输入和输出随机过程之间的香农互信息具有唯一的性质，这些性质使其可作为自组织学习的目标函数，从而被优化。

有以下4种自组织原则：

（1）Infomax原则，其包含了最大化神经网络的多维输入和输出向量之间的互信息，这一原则制定了自组织模型和特征映射的开发框架。

（2）最小冗余原则，这基本上是另一种最大化网络的输入和输出之间的互信息导致冗余最小化的方法。

（3）Imax原则，这是最大化一对神经网络的单一输出之间的互信息，这对神经网络是由两个空间位移多维输入向量所驱动的。该原则非常适合于图像处理，目标是发现带噪声传感的输入在空间和事件上表现的相干性。

（4）Imin原则，这是最小化一对神经网络的单一输出之间的互信息，这对神经网络是由两个空间位移多维输入向量所驱动的。该原则在图像处理中的应用目标在于最小化同一环境中两幅相关图像之间的空间时间相干，图像是由具有正交性质的一对传感器获得的。

自组织学习的另一个类别是统计力学。统计力学作为优化技术表示和机器学习的数学基础。有以下3种模拟算法：

（1）Metropolis算法，这是MCMC（Markov Chain Monte Carlo）针对未知概率分布上的模拟。

（2）模拟退火，这是一个动态的过程，利用“高温时观察到系统的总特点，低温时出现细节特征”来避免局部极小值的一种优化算法。

（3）Gibbs抽样，它产生一个带Gibbs分布作为平衡分布的马尔科夫链。与Metropolis算法不同，与Gibbs抽样器相关的转移概率不是静态的。

7.5.3 无监督学习的应用

举个例子加以说明。乳腺癌早期诊断是很困难的，一般影像只能观察几个病变像素，易被作为杂躁而忽视。利用两个不同的波段红外感应相机同时拍摄两幅图像，肿瘤在不同的生长阶段、血管血液成分有不同的比例，从而呈现不同的红外特征。

不同波长的红外图像从两个通道输入神经网络，用 S_1，S_2 表示两幅红外图像中单像素的值，A 和 B 表示混合传递函数的矢量，让二维向量 $X=S_1A+S_2B$，如何寻找两个 W_1 和 W_2，获得 S_1 和 S_2。一个方法是让 W_1 与 A 正交、W_2 与 B 正交，即 $S'_2=W_1\cdot X=S_2W_1\cdot B$，$S'_1=W_2\cdot X=S_1W_2\cdot B$，这样得到 S'_2 只与 S2 有关，而 S'_1 只与 S_1 有关。这样对两幅图像进行逐个像素的处理，很快就可得到确诊。这种采用正交向量对消元的无监督学习的方法，称独立元分析法。

7.6 半监督学习

顾名思义，半监督学习介于受监督学习和无监督学习之间。受监督学习采用带有正确答案（目标值）的标记过的训练数据。在学习之后，将得到一个经过调优的权重集的模型，这可以用于预测尚未标记的类似数据的答案。半监督学习同时使用标记和未标记的数据来拟合模型。在某些情况下，比如 Alexa 的添加未标记的数据的确提高了模型的准确性。在其他情况下，未标记的数据可能会使模型更差。在不同的数据特性条件下，不同的算法会有不同的缺点。一般来说，标记数据需要花费金钱和时间。这并不总是问题，因为有些数据集已经有了标记。但是如果有很多数据，其中只有一些是标记过的，那么半监督学习这种技术很值得一试。

7.6.1 半监督学习概述

半监督学习（Semi-Supervised Learning，SSL）是机器学习（Machine Learning，ML）领域中的研究热点，已经被应用于解决实际问题，尤其是自然语言处理问题。SSL 被研究了几十年，国内外涌现出大量关于该领域的研究工作，研究人员在这个问题上已经取得了显著的进步。

在许多机器学习的实际应用中，如网页分类、文本分类、基因序列比对、蛋白质功能预测、语音识别、自然语言处理、计算机视觉和基因生物学，很容易找到海量的无类标签的样例，但需要使用特殊设备或经过昂贵且用时非常长的实验过程进行人工标记才能得到有类标签的样本，由此产生了极少量的有类标签的样本和过剩的无类标签的样例。因此，人们尝试将大量的无类标签的样例加入有限的有类标签的样本中一起训练来进行学习，期望能对学习性能起到改进的作用，由此产生了半监督学习，如图 7-2 所示，半监督学习避免了数据和资源的浪费，同时解决了监督学习的模型泛化、能力不强等问题。

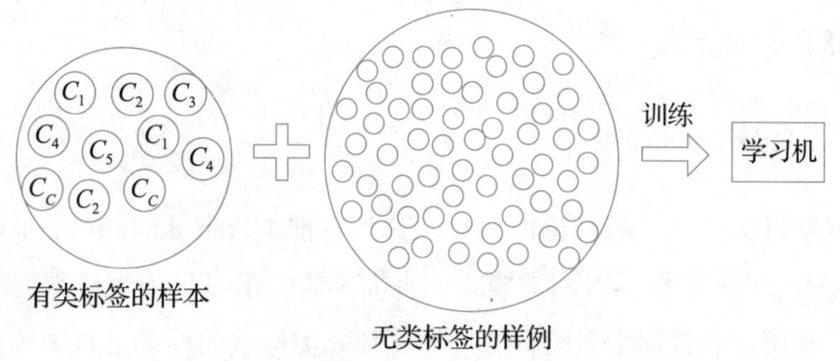

图 7-2 半监督学习示意图

7.6.2 半监督学习依赖的假设

半监督学习的成立依赖于模型假设，当模型假设正确时，无类标签的样例能够帮助改进学习性能。半监督学习依赖的假设有以下 3 个：

（1）平滑假设（Smoothness Assumption）。位于稠密数据区域的两个距离很近的样例的类标签相似，也就是说，当两个样例被稠密数据区域中的边连接时，它们在很大的概率下有相同的类标签；相反地，当两个样例被稀疏数据区域分开时，它们的类标签趋于不同。

（2）聚类假设（Cluster Assumption）。当两个样例位于同一聚类簇时，它们在很大的概率下有相同的类标签。这个假设的等价定义为低密度分离假设（Low Sensity Separation Assumption），即分类决策边界应该穿过稀疏数据区域，而避免将稠密数据区域的样例分到决策边界两侧。

（3）流形假设（Manifold Assumption）。将高维数据嵌入低维流形中，当两个样例位于低维流形中的一个小局部邻域内时，它们具有相似的类标签。许多实验研究表明，当半监督学习不满足这些假设或模型假设不正确时，无类标签的样例不仅不能对学习性能起到改进作用，反而会恶化学习性能，导致半监督学习的性能下降。但是还有一些实验表明，在一些特殊的情况下即使模型假设正确，无类标签的样例也有可能损害学习性能，例如，斯哈汉尼（Shahani）和兰德戈瑞布（Landgrebe）通过实验证明了如何利用无类标签的样例帮助减轻休斯现象（Hughes Phenomenon）(休斯现象指在样例数量一定的前提条件下，分类精度随着特征维数的增加先增后降的现象），但是同时实验中也出现了无类标签的样例降低学习性能的情况。Baluja 用朴素贝叶斯分类器和树扩展朴素贝叶斯（Tree Augmented Na ve Bayesian）分类器得到很好的分类结果，但是其中也存在无类标签的样例降低学习性能的情况。Balan 和 Blum 提出容许函数使分类器能够很好地服从无类标签的样例的分布，但是这种方法同样会损害学习性能。

7.6.3 半监督学习的分类

半监督学习从统计学习理论的角度，分为直推（Transductctive）半监督学习和归纳（Inductive）半监督学习两类模式。直推半监督学习只处理样本空间内给定的训练数据，利用训练数据中有类标签的样本和无类标签的样例进行训练，预测训练数据中无类标签的样例的类标签；归纳半监督学习处理整个样本空间中所有给定和未知的样例，同时利用训练数据中有类标签的样本和无类标签的样例，以及未知的测试样例一起进行训练，不仅预测训练数据中无类标签的样例的类标签，更主要的是预测未知的测试样例的类标签。

从不同的学习场景看，半监督学习可分为 4 大类：

（1）半监督分类（Semi-Supervised Classification）。在无类标签的样例的帮助下训练有类标签的样本，获得比只用有类标签的样本训练得到的分类器性能更优的分类器，弥补有类标签的样本不足的缺陷，其中类标签 y_i 取有限离散值 $y_i \in \{c_1, c_2, \cdots, c_j\} \in \mathrm{N}$。

（2）半监督回归（Semi-Supervised Regresion）。在无输出的输入帮助下训练有输出的输入，获得比只用有输出的输入训练得到的回归器性能更好的回归器，其中输出 y_i 取连续值 $y_i \in \mathrm{R}$。

（3）半监督聚类（Semi-Supervised Clustering）。在有类标签的样本的信息帮助下获得比只用无类标签的样例得到的结果更好的簇，提高聚类方法的精度。

（4）半监督降维（Semi-Supervised Dimensionality Reduction）。在有类标签的样本的信息帮助下找到高维输入数据的低维结构，同时保持原始高维数据和成对约束（Pair-Wise Constraints）的结构不变，即在高维空间中满足正约束（Must-Link Constraints）的样例在低维空间中相距很近，在高维空间中满足负约束（Cannot-Link Constraints）的样例在低维空间中距离很远。

为便于更加清晰地认识各种半监督学习方法，图 7-3 列示了各种半监督学习方法。

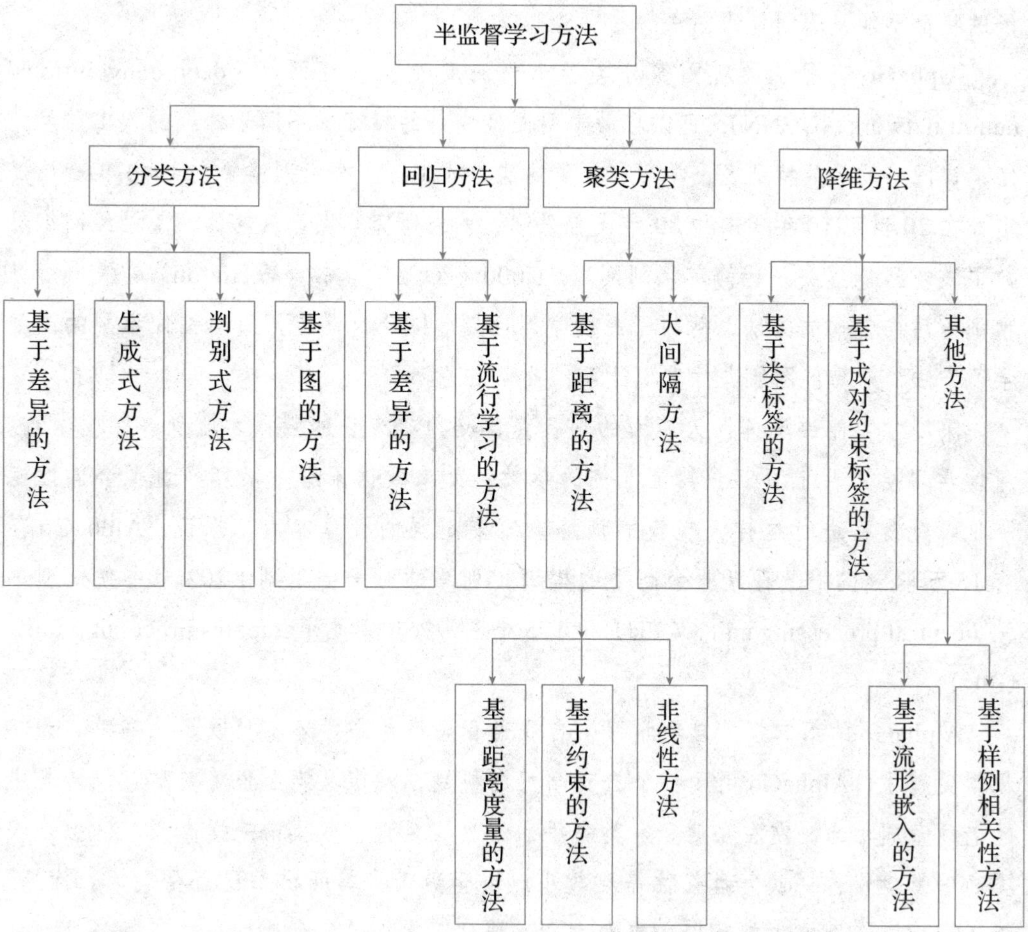

- 半监督学习方法
  - 分类方法
    - 基于差异的方法
    - 生成式方法
    - 判别式方法
    - 基于图的方法
  - 回归方法
    - 基于差异的方法
    - 基于流行学习的方法
  - 聚类方法
    - 基于距离的方法
      - 基于距离度量的方法
      - 基于约束的方法
      - 非线性方法
    - 大间隔方法
  - 降维方法
    - 基于类标签的方法
    - 基于成对约束标签的方法
    - 其他方法
      - 基于流形嵌入的方法
      - 基于样例相关性方法

图 7–3　半监督学习方法结构

拓展阅读

从 AlphaGo 看机器学习现状

围棋是最复杂的棋类游戏，人类高手下围棋主要靠宏观的直觉，加上局部的计算。AlphaGo 凭借两招出奇制胜：一是深度卷积网络，模仿高手，寻找好的落点；二是深度强化学习，形成左右互搏，自我进化。

AlphaGo 的第一招：模仿高手，学习高手的棋形。要模仿高手棋形，AlphaGo 需要一个分类器来判断棋形是否与高手的棋形相像。围棋盘可以看成是 19×19 的图像，虽然这个图像很小，但约有 250 150 种变化。将这些变化分成高手棋形、非高手棋形，是一个挺难的机器学习问题，主要难在高手棋形的特征不好定义、不易提取。在人脸识别、车牌识别中，可以定义颜色、边缘、关键点等特征，显然围棋棋形的特征不能使用同样的方法。

AlphaGo 使用了最新图像分类器——深度卷积神经网络（deep convolutional neural network，DCNN），可以自动学习图像中好的特征。不同于传统的人工神经网络，该网络的层数特别多，学习和分类的能力非常强。神经网络早在 1943 年就已提出，在 20 世纪 50 年代末和 80 年代曾兴起过两波研究热潮。以前的人工神经网络层数很浅，只能解决一些简单识别问题。2000 年前后，辛顿（G.Hinton）等提出一套预训练后向传播的方法，解决了深度学习问题。DCNN 是专门针对图像识别的深度学习方法，对局部图像进行卷积计算，效率很高。

深度学习能够发挥巨大威力的前提是，必须有大量的数据才能训练深度结构。深度学习会涉及上百万、甚至上亿的参数，如果数据不够，很容易过拟合、性能降低。此外，进行这样大规模的训练，需要超强的计算能力。据说，AlphaGo 存有 15 万职业棋手、百万业余高手的棋谱，训练的时候会用到 1 202 个中央处理单元（central processing unit，CPU）和 176 个图形处理单元（graphics processing unit，GPU）。

AlphaGo 的第二招：自我学习，自我进化。模仿高手还不足以超越高手。为超越顶尖高手，AlphaGo 用了一个自我学习的机制，就像金庸小说《射雕英雄传》中的老顽童周伯通，左右互搏。人类高手通过自我复盘、摆棋谱来提高棋艺，但是人类高手复盘慢，一次复盘往往需要数小时甚至数天，其间棋手还需要吃饭、休息。而 AlphaGo 只要有电就可以一直左右“互搏”下去，其复盘速度极快，每分钟就可以研究上万盘棋，这样的特性使得 AlphaGo 有可能在学习速度上超越人类高手。

为了达到左右互搏的效果，AlphaGo 采用了一个名为深度强化学习的技术。强化学习很符合智能体（agent）的学习规律，类似孩子在不断跌倒中自我强化学会走路，猴子在胡萝卜加大棒下自我强化学会表演。强化学习有两个特点，一是智能体通过环境交互学习；二是训练标注稀少，且通常有一定的延时。强化学习主要通过感知、行动、奖赏三个环节构成一个状态转移空间，学习过程可以用马尔科夫决策过程来表示。

之前，强化学习的算法训练只能解决很小规模的状态转移空间。围棋是超大转移空间的问题，同时也是个带有超长延时训练标注的问题。一开始的棋难以量化好坏，双方要下多步后才能够数出各自大概的目数，从而判定输赢。AlphaGo 将围棋这一特征视为深度强化学习问题，这个问题恰恰可以用深度的递归神经网络（diagonal recurrent neural network，DRNN）解决。DRNN 的训练和 DCNN 没有太大区别。在左右互搏中，AlphaGo 局部会采用一种名为蒙特卡洛搜索树的随机策略进

行搜索，令整个系统能够自我进化。AlphaGo 是最新深度学习方法、棋谱大数据以及最新超算体系的总和，并按现代科学技术的指数式发展继续进化，没有任何情绪波动。尽管在此次人机大战中，人类个体告负，但 AlphaGo 却是人类挑战自我的里程碑！

思考与练习

1. 机器学习的主要研究内容是什么？
2. 机器学习常用的方法有哪些？
3. 机器学习的发展经历了哪些阶段？
4. 举例说明监督学习、无监督学习、半监督学习的区别。
5. 阐述监督学习、无监督学习、半监督学习各自的优缺点。

单元八

语音处理

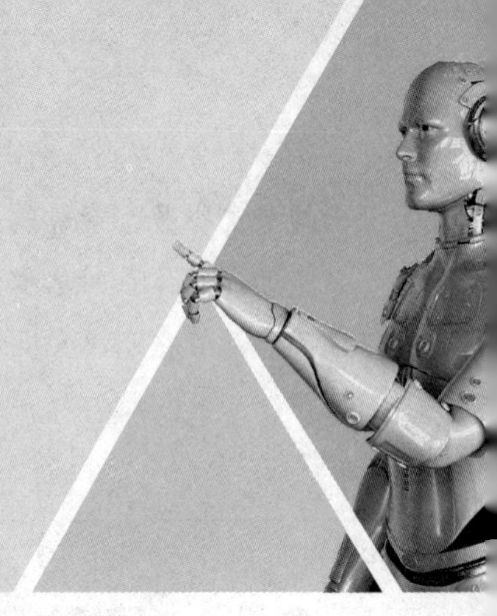

单元导读

语音信号是人类进行交流的主要途径之一。由于语言和语音与人的智力活动密切相关，与社会文化和进步紧密相连，所以它具有最大的信息容量和最高的智能水平。利用现代手段研究语音处理技术，能够让我们更加有效地产生、传输、存储、获取和应用语音信息。语音处理不仅在通信、工业、国防和金融等领域有着广阔的应用场景，而且正在直接改变人机交互的方式。

学习目标

1. 了解语音的基本概念。
2. 熟悉语音识别、语音合成、语音增强、语音转换等的原理和方法。

8.1 语音的基本概念

人类通过发音器官发出的话语便是语音，它具有一定意义，可用来进行社交。语音是一种声音，具有声学特征的物理特性。根据发音方式的不同，可以将语音分为元音和辅音，辅音又可以根据声带有无振动分为清辅音和浊辅音。人可以感觉到频率在 20Hz ～ 30kHz、强度为 -5dB ～ 130dB 的声音信号，因此，在音频处理中，在这范围以外的音频可以忽略。

构成语音的四要素为：音高、音强、音长、音色。音高指声波频率，即每秒钟振动次数的多少；音强指声波振幅的大小；音长指声波振动持续时间的长短，也称为“时长”；音色指声音的特色和本质，也称为“音质”。

语音经过采样后，在计算机中以波形文件的方式进行存储，这些波形文件反映了语音在时域上的变化，通过波形可以判断语音音强（或振幅）、音长等参数的变化，但我们很难从波形中分辨出不同的语音内容或不同的说话人。为了更好地反映不同语音的内容或音色差别，需要对语音进行频域上的转换，即提取语音频域的参数。常见的语音频域参数包括傅立叶谱、梅尔频率倒谱系数等。通过对语音进行离散傅立叶变换可以得到傅立叶谱，在此基础上将语音信号在频域上划分成不同子带，进而得到梅尔频率倒谱系数。梅尔频率倒谱系数是一种能够近似反映人耳听觉特点的频域参数，在语音识别和说话人识别上被广泛使用。

8.2 语音识别

语音识别是指将语音自动转换为文字的过程。利用语音识别技术，能让机器把语音信号转变为相应的文本或命令，让机器听懂人类的语音。

语音识别技术研究始于 20 世纪 50 年代初期，迄今已有六十多年的历史。1952 年，贝尔实验室研制了世界上第一个能识别十个英文数字的识别系统。20 世纪 60 年代最具代表的研究成果是基于动态时间规整的模板匹配方法，这种方法有效地解决了特定说话人孤立词语音识别中语速不均和不等长匹配的问题。20 世纪 80 年代以后，基于隐马尔科夫模型的统计建模方法逐渐取代了基于模板匹配的方法，基于高斯混合模型—隐马尔科夫模型的混合声学建模技术推动了语音识别技术的蓬勃发展，最具代表的是英国剑桥大学的隐马尔可夫工具包（HTK）。2010 年后，语音识别技术也随着深度神经网络的兴起和分布式计算技术的进步而不断提升。

语音识别系统主要分为四个部分：特征提取（信号处理）、声学模型、语言模型和解码搜索。语音识别系统的框架如图 8-1 所示。

8.2.1 语音识别的特征提取

语音识别的难点之一在于语音信号的复杂性和多变性。语音特征提取即在原始语音信号中提取出语音识别最相关的信息，过滤其他无关信息。比较常用的声学特征有三种，即梅尔频率倒谱系数、梅尔标度滤波器组特征和感知线性预测倒谱系数。

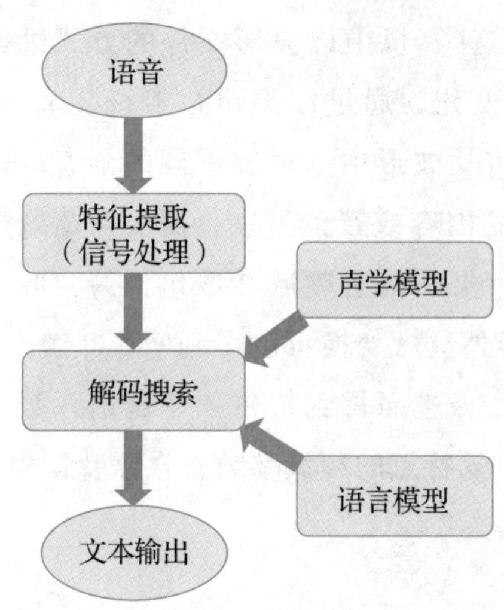

图 8-1 语音识别系统的框架

（1）梅尔频率倒谱系数特征是根据人耳听觉特性计算梅尔频谱域倒谱系数获得的参数。

（2）梅尔标度滤波器组特征则是保留特征维度间的相关性。

（3）感知线性预测倒谱系数在提取过程中利用人的听觉机理对人声建模。

8.2.2 语音识别的声学模型

声学模型承载着声学特征与建模单元之间的映射关系。训练声学模型之前要选取建模单元。大多数声学模型一般采用音素作为建模单元，因为音素是上下文相关的。一般采用三音素进行声学建模。比较经典的声学模型是混合声学模型，大致分为两种：基于高斯混合模型—隐马尔科夫模型的模型（GMM-HMM）和基于深度神经网络—隐马尔科夫模型的模型（DNN-HMM）。

1. 基于高斯混合模型 — 隐马尔科夫模型的模型

隐马尔科夫模型是一种概率图模型，可以用来表示序列之间的相关关系，经常被用来对时序数据进行建模。模型主要参数包括状态间的转移概率以及每个状态的概率密度函数，也叫出现概率，一般用高斯混合模型表示。如图 8-2 所示，最上方为输入语音的音谱图，将语音第一帧带入一个状态计算能够得到出现概率；同样方法计算每一帧的出现概率，图中用黑色点表示。灰色点间有转移概率，据此可计算最优路径，如图 8-2 蓝色箭头所示，该路径对应的概率值总和即为输入语音经隐马尔科夫模型得到的概率值。如果为每个音节训练一个隐马尔科夫模型，只需按以上步骤，哪个得到概率最高即判定为相应音节，这也是传统语音识别的方法。

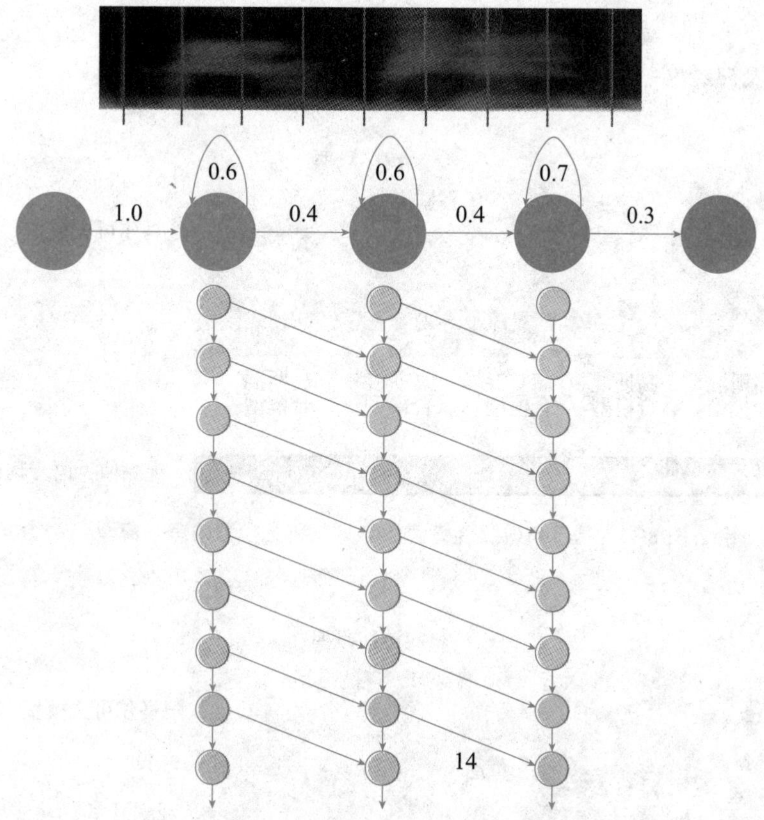

图 8-2　隐马尔科夫模型示意图

出现概率采用高斯混合模型，具有训练速度快、模型小、易于移植到嵌入平台等优点，缺点是没有利用帧的上下文信息，缺乏深层非线性特征变化的内容。高斯混合模型仅代表一种概率密度，不能完整模拟出或记住相同音的不同人间的音色差异变化或发音习惯变化。

就基于 GMM-HMM 的声学模型而言，对于小词汇量的自动语音识别任务，通常使用上下文无关的音素状态作为建模单元；对于中等和大词汇的自动语音识别任务，则使用上下文相关的音素状态进行建模。该声学模型框架图如图 8-3 所示，高斯混合模型用来估计观察特征（语音特征）的观测概率，而隐马尔科夫模型责备用于描述语音信号的动态变化（即状态间的转移概率）。S_k 代表音素状态；a_{s1s2} 代表转移概率，即状态 S_1 转为状态 S_2 的概率。

2. 基于深度神经网络 — 隐马尔科夫模型的模型

与 GMM-HMM 不同的是，DNN-HMM 用深度神经网络模型代替高斯混合模型。该模型的建模单元为聚类后的三音素状态，其框架如图 8-4 所示。在图 8-4 中，神经网络用来估计观察特征（语音特征）的观测概率。S_k 代表音素状态；a_{s1s2}

代表转移概率，即状态 S_1 转为状态 S_2 的概率；v 代表输入特征；$h^{(M)}$ 代表第 M 个隐层；W_M 代表神经网络第 M 个隐层的权重。

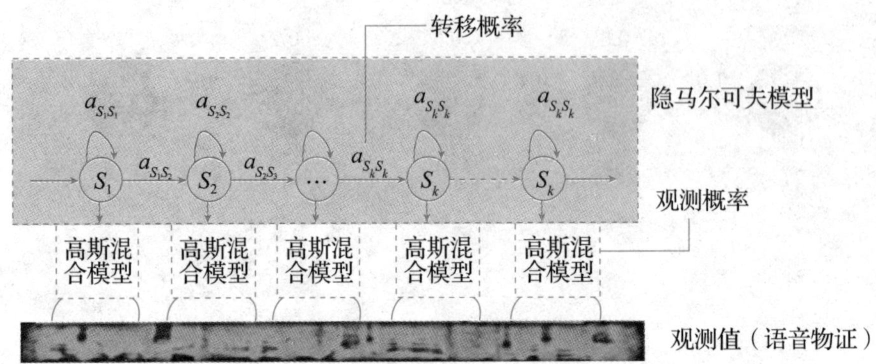

图 8-3　基于高斯混合模型—隐马尔科夫模型的声学模型

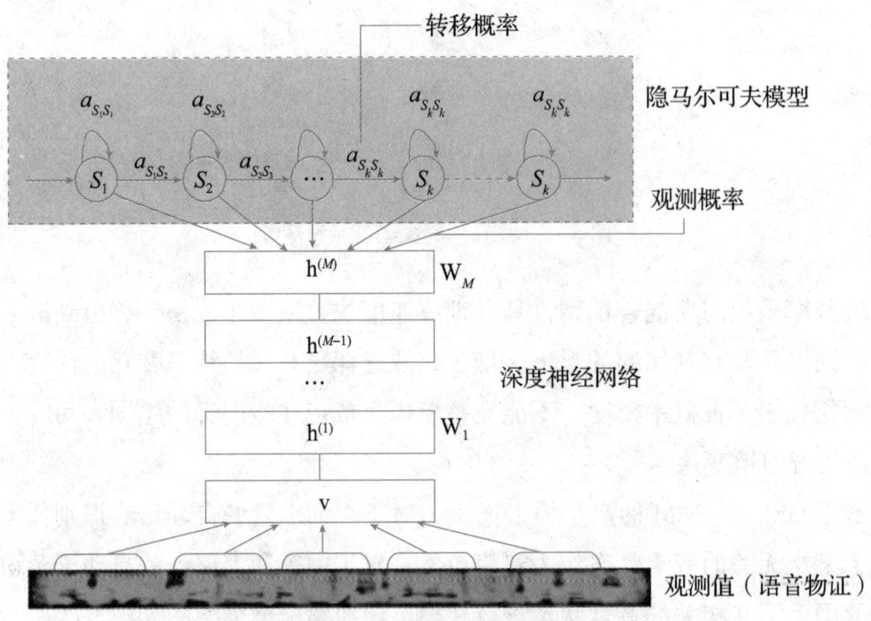

图 8-4　基于深度神经网络—隐马尔科夫模型的声学模型

这种模型有两方面的优势：一是深度神经网络能利用语音特征的上下文信息；二是深度神经网络能学习非线性的更高层次特征表达。因此，DNN-HMM 已成为目前主流的声学建模技术。

8.2.3　语音识别的语言模型

语言模型是根据语言客观事实而进行的语言抽象数学建模，可以表示某一字序

列发生的概率。语言模型亦是一个概率分布模型 P，用于计算任何句子 S 的概率。

例 1：令句子 S=“今天天气很好”，该句子很常见，通过语言模型可计算出其发生概率 P（今天天气很好）=0.800 00。

例 2：令句子 S=“好很天气今天”，该句子为病句，通过语言模型可计算出其发生概率 P（好很天气今天）=0.000 01。

语言模型的作用是在解码过程中限制搜索路径。语音识别中常用的语言模型是 N 元文法（N-Gram），即统计前后 N 个字出现的概率，以及循环神经网络语言模型。虽然循环神经网络语言模型性能由于 N 元文法，但训练比较耗时，且解码速度较慢，工业界依旧使用基于 N 元文法的语言模型。

语言模型的评价指标是语言模型在测试集上的困惑度，该值反映句子不确定性程度。因此我们的目标就是寻找困惑度较小的语言模型，使其尽量逼近真实语言分布。

8.2.4 语音识别的解码搜索

解码搜索的主要任务是由声学模型、发音词典和语音模型构成的搜索空间中寻找最佳路径。解码时需要用到声学得分和语言得分，声学得分是由声学模型计算得到，语言得分是由语言模型计算得到。

在解码过程中，各种解码器的具体实现可以是不同的。按搜索空间的构成方式来分，有动态编译和静态编译两种方式。关于静态编译，是把所有知识源统一编译在一个状态网络中，在解码过程中，根据节点间的转移权重获得概率信息。就动态编译而言，只是预先将发音词典编译成状态网络构成搜索空间，其他知识源在解码过程中根据活跃路径上携带的历史信息动态集成。动态编译能够减小网络所站内存，但是解码速度比静态编译慢。

按搜索算法的时间模式来分，有异步与同步两种方法。时间异步的搜索算法通过栈解码器（Stack Decoder）来实现。时间同步的方法有 Viterbi 解码。基于树拷贝的帧同步解码器是目前比较流行的方法。

8.2.5 基于端到端的语音识别方法

上述混合声学模型仍存在着这样的不足：（1）神经网络模型的性能受限于 GMM-HMM 模型的精度；（2）训练过程过于繁复。为了解决这些不足，研究人员提出端到端的语音识别方法，一类是基于联结时序分类的端到端声学建模方法；另一类是基于注意力机制的端到端语音识别方法。前者只是实现了声学建模的端到端，后者实现了真正意义上的端到端语音识别。

（1）基于联结时序分类的端到端声学建模方法的声学模型结构如图 8-5 所示。这种方法只是在声学模型训练过程中，其核心思想是引入一种新的训练准则联结时序分类。这种损失函数的优化目标是输入和输出在句子级别对齐，而不是帧级别对齐，因此不需要 GMM-HMM 生成强制对齐信息，直接对输入特征序列到输出单元序列的映射关系建模，极大简化了声学模型训练的过程。但是仍需对语言模型进行单独训练，从而构建解码的搜索空间。联结时序分类损失函数一般与长短记忆模型结合使用，基于联结时序分类的端到端模型的建模单元是音素甚至可以是字。这种建模单元粒度的变化带来的优点包括两方面：一方面是增加语音数据的冗余度，挺高音素的区分度；另一方面是在不影响识别准确率的情况下加快解码速度。这种方法已被谷歌、微软和百度应用于其语音识别系统中。

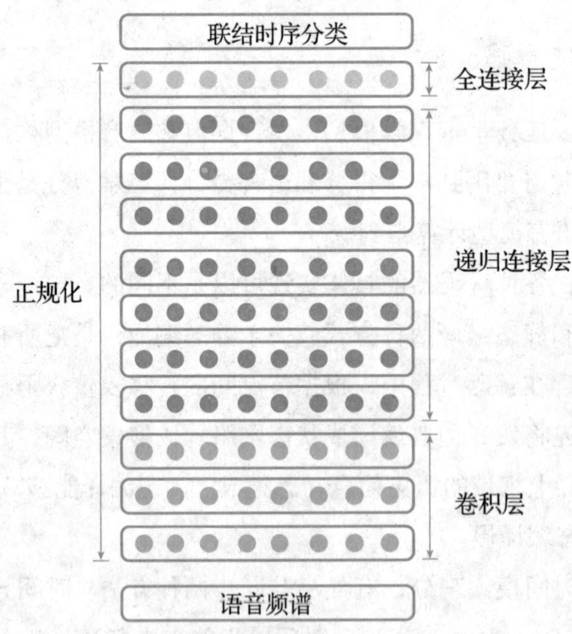

图 8-5　基于连接时序分类的端到端声学模型结构图

（2）基于注意力机制的端到端语音识别方法实现了真正的端到端，该方法将声学模型、发音词典和语言模型联合为一个模型进行训练。模型基于循环神经网络的编码—解码结构，其结构如图 8-6 所示。解码器用于将不定长的输入序列映射成定长的特征序列，注意力机制用于提取编码器的编码特征序列中有用信息，而解码器则将该定长序列扩展成输出单元序列。尽管该模型取得不错的性能，但仍远不如混合声学模型。谷歌提出一种新的多头注意力机制的端到端模型，当训练数据达到数十万小时时，其性能可接近混合声学模型的性能。

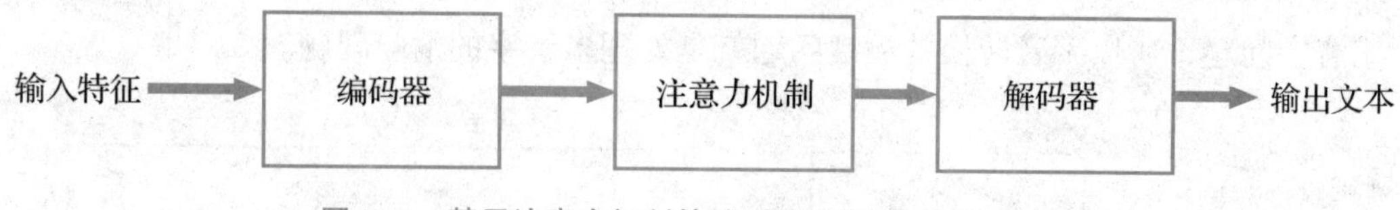

图 8-6 基于注意力机制的端到端语音识别系统结构图

8.3 语音合成

语音合成也称为文语转换，其主要功能是将任意文本转换成语音的输出，这是人与计算机语音交互必不可少的模块。从地图导航、语音助手、小说、新闻朗读、智能音箱、语音实时翻译，到各种客服、机场广播，都少不了语音合成技术的身影。

图 8-7 所示为一个基本的语音合成系统框图。语音合成系统可以任意文本作为输入，并相应地合成语音作为输出。语音合成系统主要分为文本分析模块、韵律处理模块和声学处理模块，其中文本分析模块可视为系统的前端，韵律处理模块和声学处理模块可视为系统的后端。

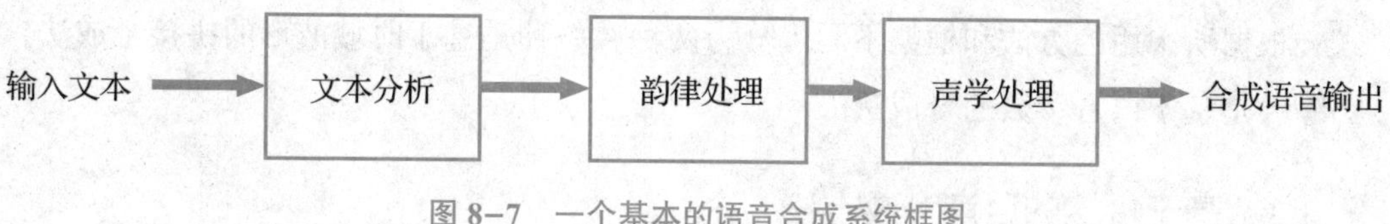

图 8-7 一个基本的语音合成系统框图

前端部分主要是对输入文本分析，从输入的文本提取后端建模需要的信息。例如：分词（判断句子中的单词边界），词性标注（名词、动词、形容词等），韵律结构预测（是否韵律短语边界），多音字消歧等。后端部分读入前端文本分析结果，并且对语音部分结合文本信息进行建模。在合成过程中，后端会利用输入的文本信息和训练好的声学模型，生成语音信号，进行输出。

对于汉语拼音合成系统，文本分析的处理流程通常包括文本预处理、文本规范化、自动分词、词性标注、多音字消歧、节奏预测等，如图 8-8 所示。文本预处理包括删除无效符号、断句等。文本规范化的任务是将文本中的这些特殊字符识别出来并转化为一种规范化表达。自动分词是将待合成的整句以词尾单位划分为单元序列，后续考虑词性标注、韵律边界标注等。词性标注也很重要，因为词性可能影响字或词的发音。字音转换是将待合成的文字序列转换为对应的拼音序列。汉语存在多音字问题，所以字音转换的关键问题就是处理多音字的消歧问题。

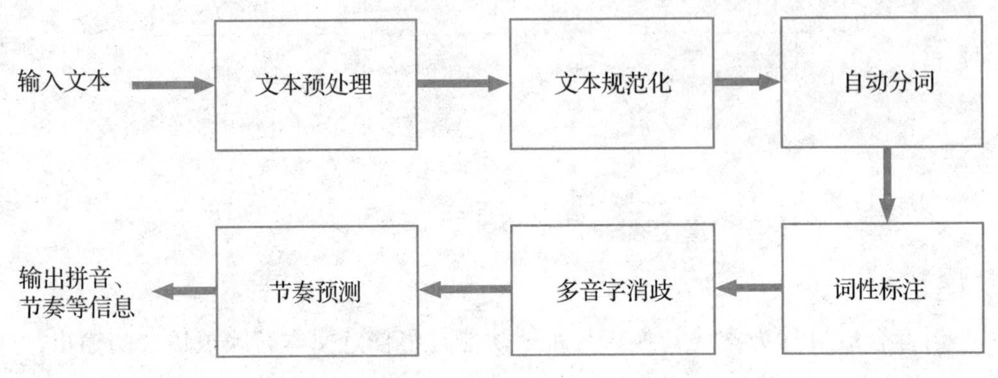

图 8-8　文本分析流程

韵律处理是文本分析模块的目的所在，节奏、时长的预测都基于文本分析的结果。韵律是实际语流中的抑扬顿挫和轻重缓急。作为语音合成系统中承上启下的模块，韵律模块实际是语音合成系统的核心部分，极大地影响着最终合成语音的自然度。与韵律有关的语音参数包括基频、时长、停顿和能量，韵律模型利用文本分析结果预测这四个参数。

声学处理模块根据以上两个模块信息生成自然语言波形，现阶段的语音合成系统，根据所采用的方法和框架不同可分为两种，一种是基于时域波形的拼接合成法，另一种是基于语音参数的合成法。

8.3.1　基于拼接的语音合成方法

基于拼接的语音合成方法的基本原理是将原始录音剪切成一个个基元存储下来，根据文本分析的结果，从预先录制并标注好的语音库中挑选合适基元进行适度调整，最终拼接得到合成语音波形。以上的基元是指语音拼接时的基本单元，可以是音节或者音素等。

拼接语音合成的优势在于音质好，不受语音单元参数化的音质损失。但是在语料库小的情况下，由于有时挑选不到合适的语音单元，导致合成语音会有点问题或者韵律、发音不够稳定，而且需要的存储空间大。大语料库则具有较高的上下文覆盖率，挑选出来的基元几乎不需要任何调整就可以用于拼接合成，但稳定性仍然不够，可能出现拼接点不连续，以及难以改变发音特征。

8.3.2　基于参数的语音合成方法

参数语音合成系统的基本思想是基于统计建模和机器学习的方法，特点是在语音分析阶段，需要根据语音生成的特点，将语音波形（speech waves）通过声码器转换成频谱、基频、时长等语音或者韵律参数。在建模阶段对语音参数进行建模。并且在语音合成阶段，通过声码器从预测出来的语音参数还原出时域语音信号。

其中最成功的是基于隐马尔科夫模型的可训练语音合成方法，相应的合成系统被称为隐马尔科夫模型的参数合成系统，主要包括训练阶段和合成阶段，图 8-9 所示为该合成方法的系统框图。

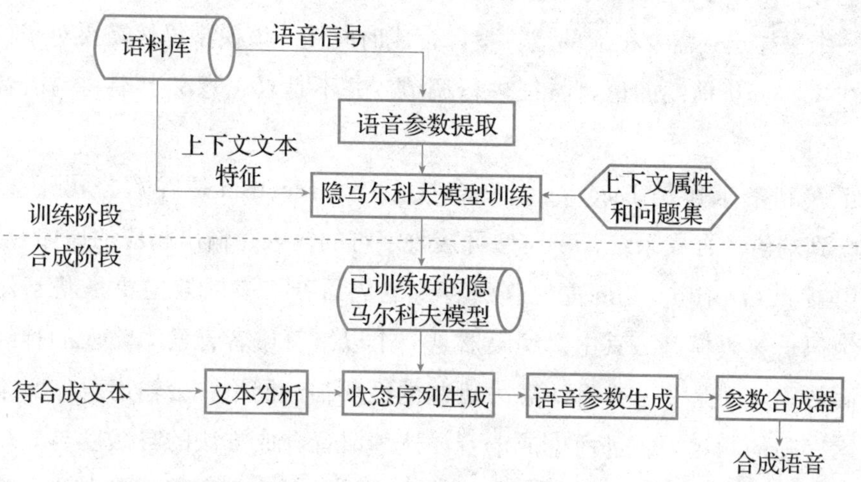

图 8-9　基于隐马尔科夫模型语音合成系统框图

在训练之前，需要对一些建模参数进行配置，包括建模单元的尺度、模型拓扑结构、状态数目等，还需要进行数据准备。一般而言，训练数据包括语音数据和标注数据两部分：标注数据主要包括音段切分和韵律标注。训练模型前还有一个重要的工作就是对上下文属性集和用于决策树聚类的问题进行设计，这部分工作是与语种相关的，其余步骤基本上与语言种类无关。

参数语音合成系统的优势在于模型大小较小，模型参数调整方便（说话人转换，升降调），而且合成语音比较稳定。缺点在于合成语音音质由于经过参数化，与原始录音相比有一定的损失。

随着深度学习的发展，深度神经网络也被引入统计参数语音合成中，代替隐马尔科夫模型，可直接通过一个深层神经网络来预测声学参数，克服了隐马尔科夫模型训练中决策树聚类环节中模型精度降低的缺陷，进一步增强合成语音的质量。

8.3.3 基于端到端的语音合成方法

传统的语音合成流程很复杂。比如统计参数合成系统中通常会包含文本分析前端、时长模型、声学模型和基于复杂信号处理的声码器等模块，这些部分设计需要不同领域的知识，需要耗费大量精力，而且还需要分别训练，这意味着来自每个模块的错误可能会叠加。

2016 年，谷歌 Deep Mind 提出一种基于深度学习的 WaveNet 波形统计语音合成结构，主要单元是卷积神经网络，这种方法的特点是不会对语音信号进行参数化，而是用神经网络直接在时域预测合成语音波形的每一个采样点。优势是音质比参数合成系统好，略差于拼接合成。但是较拼接合成系统更稳定。缺点在于，由于需要预测每一个采样点，需要很大的运算量，合成时间慢。该模型仍然需要对来自现有语言合成文本分析前端的语言特征进行调节，并不是真正意义上端到端语音合成方法。

真正端到端工作是 Tacotron 语音合成系统。Tacotron 是谷歌公司于 2017 年提出的端到端语音合成系统，该模型可接收字符的输入，输出相应的原始频谱图，然后将其提供给 Griffin-Lim 重建算法直接生成语音。该框架主要是基于注意力机制的编码—解码模型。其中，编码器是一个以字符或者音素为输入的神经网络模型，而解码器则是一个带有注意力机制的循环神经网络，会输出对应文本序列或者音素序列的频谱图，进而生成语音。这种语音合成方法的自然度与表现力已能够媲美人类说话水平，而且不需要多阶段建模，现已成为当下热点和未来发展趋势。

8.4 语音增强

语音增强本质就是语音降噪，换句话说，日常生活中，麦克风采集的语音通常是带有不同噪声的“污染”语音，语音增强的主要目的就是从这些被“污染”的带噪语音中恢复出我们想要的干净语音。通过语音增强有效抑制各种干扰信号，增强目标语音信号，使人机之间更自然地交互。语音增强涉及的应用领域十分广泛，包括语音通话、电话会议、场景录音、军事窃听、助听器设备和语音识别设备等，并成为许多语音编码和识别系统的预处理模块。语音增强主要包括回声消除、混响抑制、语音降噪等关键技术。

8.4.1　回声消除

回声是指自身发出的声音经过多次反射（天花板，墙）并多次传入拾音设备。回声消除需要解决两个关键问题：第一，远端信号和近端信号的同步问题；第二，双讲模式下消除回波信号干扰的有效方法。回声消除最典型的应用是在智能终端播放音乐时，通过扬声器播放的音乐会回传给麦克风，此时便需要有效的回声消除算法以抑制回声干扰。回声消除算法虽然提供了扬声器信号作为参考源，但是由于扬声器放音时的非线性失真、声音在传输过程中衰减、噪声干扰和回声干扰的同时存在，使得回声消除问题具有一定的挑战。

8.4.2　混响抑制

与回声不同的是，回声是声音发出结束后听到的声音，混响在声音还没结束听到的声音。适度的混响作用而使音乐更加动听。但在许多场合，混响往往会带来干扰，导致声学接收系统性能变差。房间大小、声源和麦克风的位置、室内障碍物、混响时间音素均影响混响语音的生成。

按照使用传声器数量分类，去混响系统主要分为单传声器系统与多传声器阵列系统。

单传声器系统去混响技术只利用声场中接收位置这一点的声信号中时间和变换域的特性，而多传声器阵列系统能利用声场的空间特性，其主要优点是由阵列带来的接收方向性除能直接提高信号与混响声能比之外，同时还对本底噪声有显著的抑制作用。但阵列系统的硬件复杂度高，数据处理量成倍增加，对计算速度有较高要求，但随着计算机技术的发展，采用阵列的去混响技术受到更多重视。

8.4.3　语音降噪

噪声抑制可分为基于单通道的语音降噪和基于多通道的语音降噪，前者通过单个麦克风去除各种噪声的干扰，后者通过麦克风阵列算法增强目标方向的声音。

基于单通道的语音降噪具有广泛的应用，在智能家居、智能客服、智能终端中均是非常重要的模块。单通道语音降噪有三种主流方法：第一，基于信号处理技术的语音降噪方法，该方法在处理平稳噪声时具有不错性能，但面对非平稳噪声和突变噪声性能会下降；第二，基于矩阵分解的语音降噪方法，该方法计算复杂度相对较高；第三，基于数据驱动的语音降噪方法，当训练集和测试集不匹配时性能明显下降。

多通道语音降噪的目的是融合多个通道的信息，抑制非目标方向的干扰源，增强目标方向的声音。需要解决的核心问题是估计空间滤波器，它的输入是麦克风阵列采集的多通道语音信号，输出是处理后的单路语音信号。多通道语音降噪算法还受限于麦克风阵列的结构，典型的阵列有线阵和环阵，阵列的选型与具体的应用场景相关。随着麦克风个数的增加，噪声抑制能力会更强，但算法复杂度和硬件功耗也会相应增加。

随着深度学习技术的快速发展，基于深度学习的语音降噪得到越来越广泛的应用，深层结构模型具有更强的泛化能力，在处理非平稳噪声时具有更为明显的优势，这类方法更容易与语音识别的声学模型对接，提高语音识别的鲁棒性。

8.5 语音转换

语音转换指将一个人（源说话人）的声音个性化特征（如频谱、韵律等）通过“修改变换”，使之听起来像另外一个人（目标说话人）的声音，同时保持说话内容信息不变。广义上把改变语音中说话人个性特征的语音处理技术统称为语音转换。

语音转换首先需要提取说话人身份相关的声学特征参数，然后用改变后的声学特征参数合成出接近目标说话人的语音，如图 8-10 所示，语音转换系统包括训练阶段和转换阶段。训练阶段需要提取源说话人和目标说话人的个性特征参数，然后进行映射特征计算，进行转换模型训练；转换阶段根据训练获得的匹配函数对源说话人的个性特征参数进行转换，合成接近目标说话人的语音。

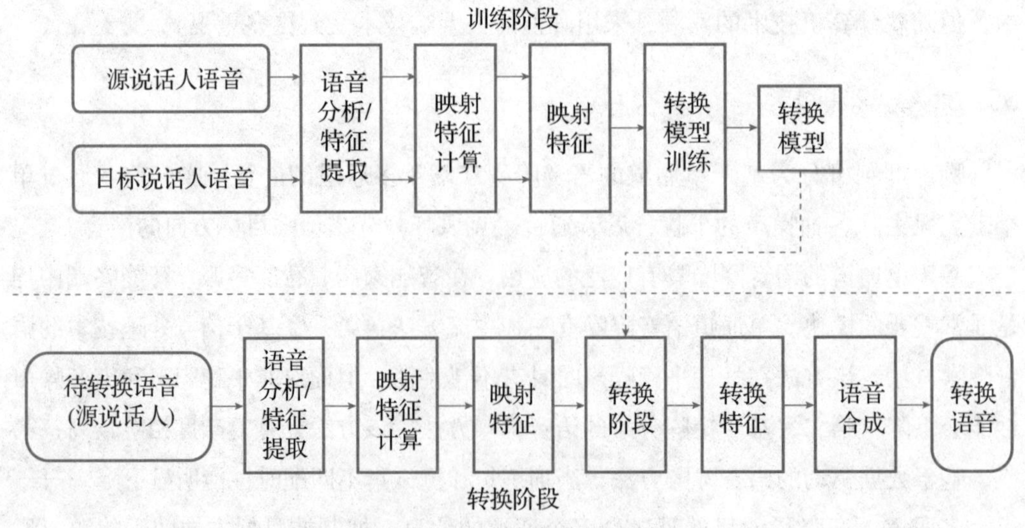

图 8-10　语音转换基本系统框图

8.5.1　码本映射法

码本映射法是最早应用于语音拼接的方法，这是一种比较有效的频谱转换算法。在这个算法中，源码本和目标码本的单元一一对应，通过从原始语音片段中抽取关键的语音帧作为码本，建立起源说话人和目标说话人参数空间的关系。

码本映射法的优点在于，由于码本从原始语音片段中抽取，生成语音的单帧语音保真度较高。但这种码本映射建立的转换函数是不连续的，容易导致语音内部频谱不连续。现已提出模糊矢量量化技术以及分段矢量量化技术等解决方案。

8.5.2　高斯混合模型法

针对码本映射方法带来的离散性问题，在说话人识别领域中常用高斯混合模型来表征声学特征空间。高斯混合模型是传统方法中的主流，它利用最小均方误差准则来确定转换函数，通过统计参数模型建立源说话人和目标说话人的映射关系，将源说话人的声音映射成目标说话人的声音。

与码本映射法相比，高斯混合模型有软聚类、增量学习和连续概率转换的特点。源声学特征和目标声学特征被看作联合高斯分布的观点被引入，通过使用概率论的条件期望获得转换函数，转换函数的参数皆可由联合高斯混合模型的参数估计算法得到。高斯混合模型转换的缺陷是：由于转换过程中常常进行求期望或加权平均的操作，转换后的特征往往过于平滑，听起来音质有所下滑。一种典型的补救方法是用全局方差进行正则化，让转换后特征的方差符合训练数据特征方差的分布。

8.5.3　深度神经网络法

2010 年以来，深度学习方法在智能语音领域得到广泛运用，在语音转换方面也出现了集中新的方法。除了在音质、相似性两方面超越传统方法以外，这些方法更重要的成就是打破了训练数据需要帧级对齐这个限制，其中有一些也打破了说话人身份固定这个限制。

比较典型的深层神经网络结构包括受限玻尔兹曼机—深层置信神经网络、长短时记忆递归神经网络、深度卷积神经网络等。由于深层神经网络具有较强的处理高维数据的能力，因此通常直接使用原始高维的谱包络特征训练模型，从而有助于提高转换语音的话音质量。与此同时，基于深度学习的自适应方法也被广泛应用于说话人转换，其利用少量新的发音人数据对已有语音合成模型进行快速自适应，通过迭代优化生成目标发音人的声音。

8.6 情感语音

语音不仅包含了语义信息，还携带了丰富的情感信息。自动语音情感识别则是计算机对人类情感感知和理解过程的模拟，它的任务就是从采集到的语音信号中提取表达情感的声学特征，并找出这些声学特征与人类情感的映射关系式；计算机的语音情感识别能力是计算机情感智能的重要组成部分，是实现自然人机交互界面的关键前提，具有很大的研究价值和应用价值。

8.6.1 情感描述

离散情感模型将情感描述为离散的、形容词标签的形式，如高兴、愤怒等。丰富的语言标签描述了大量的情感状态，而用于研究的情感状态需要更具普遍性，因此人们定义了基本情感类别便于研究。其中，美国心理学家 Ekman 提出的 6 大基本情感（又称为 big six，即生气、厌恶、恐惧、高兴、悲伤和惊讶）在当今情感相关研究领域的使用较为广泛。

相对于离散情感模型，维度情感模型将情感状态描述为多维度情感空间中的连续数值，也称为连续情感描述。将情感状态描述为多维情感空间中的点。这里的情感空间实际上是一个笛卡尔空间，空间的每一维对应着情感的一个心理学属性（例如，表示情感激烈程度的激活度属性以及表明情感正负面程度的效价属性）。理论上，该空间的情感描述能力能够涵盖所有的情感状态。换句话说，任意的、现实中存在的情感状态都可以在情感空间中找到相应的映射点，并且各维坐标值的数值大小反映了情感状态在相应维度上所表现出来的强弱程度。图 8-11（a）为情绪的二维模型，情感点同原点的距离体现了情感强度，相似的情感相互靠近；相反的情感则在二维空间中相距 180°。图 8-11（b）则是在二维空间中加入第三个维度强度后得到的三维情感空间模型。以强度、相似性和两级性划分情绪，越临近情绪性质越相似；距离越远差距越大。

8.6.2 情感语音的声学特征

情感语音中可以提取多种声学特征，用以反映人的情感行为的特点。用于语音情感识别的声学特征大致可归纳为韵律特征、频谱特征和音质特征这三种类型。

韵律特征具有较强的情感辨别能力，它的情感区分能力已得到语音情感识别领域研究者们的广泛认可，使用非常普遍，其中最为常用的韵律特征有语速、基频、

能量等。比如激动状态下语速就会比较快，喜、怒、惊等情感能量较大等。但是韵律特征区分情感能力是十分有限的，例如愤怒、害怕、高兴和惊奇的基频特征具有相似的表现。

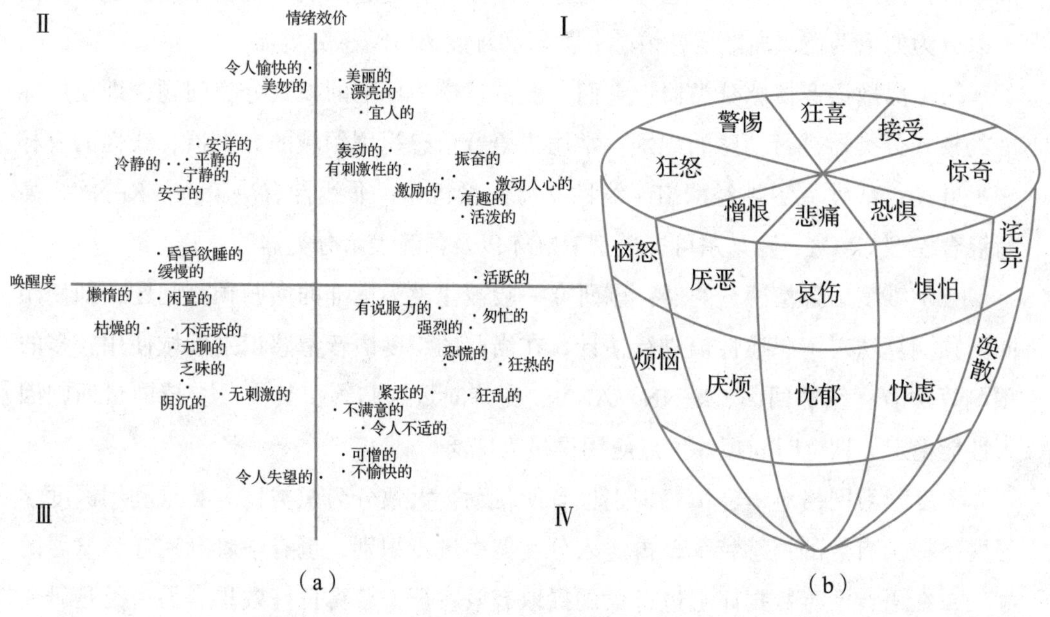

图 8-11 情绪维度模型

频谱特征被认为是声道形状变化和发声运动之间相关性的体现。语音中的情感内容对频谱能量在各个频谱区间的分布有着明显的影响。例如，表达高兴情感的语音在高频段表现出高能量，而表达悲伤的语音在同样的频段却表现出差别明显的低能量。频谱特征主要包括线性谱特征和倒谱特征。

音质特征是人们赋予语音的一种主观评价指标，用于衡量语音是否纯净、清晰、容易辨识等。对声音质量产生影响的声学表现有喘息、颤音、哽咽等，并且常常出现说话者情绪激动、难以抑制的情形。用于衡量声质的声学特征一般有：共振峰频率及其带宽、频率微扰和振幅微扰、声门参数等。

8.6.3 语音情感识别

语音情感识别是让计算机能够通过语音信号识别说话者的感情状态，是情感计算的重要部分。情感计算的目的是通过赋予计算机识别、理解、表达和适应人的情感的能力来建立和谐人机环境，使计算机具有更高的智能。

一般来说，语音情感识别系统由三部分组成：语音信号采集、语音情感特征提取和语音情感识别。语音信号采集模块通过语音传感器获得语音信号，并传递到语音情感特征提取模块；语音情感特征提取模块对语音信号中情感关联紧密的声学参数进行提取，最后送入情感识别模块完成情感判断。需要注意的是，语音情感识别离不开情感的描述和语音情感库的建立。当今语音情感识别系统所采用的识别算法可以分为如下两类：离散语音情感分类器和维度语音情感分类器。

（1）离散语音情感分类器：它们一般被建模为标准的模式分类问题，即使用标准的模式分类器进行情感的识别。常用于语音情感识别领域的分类器，线性的有朴素贝叶斯、线性人工神经网络、线性支持向量机等；非线性有决策树、K-NN、高斯混合模型 GMM、隐马尔可夫模型 HMM 以及稀疏表示分类器等。

（2）维度语音情感分类器：该研究一般被建模为标准的回归预测问题，即使用回归预测算法对情感属性值进行估计，在当前的维度语音情感识别领域使用较多的预测算法有：线性回归、k-NN、ANN、支持向量回归等。其中，支持向量回归因为性能稳定、训练时间短等优点应用得最为广泛。

深度学习网络对语音情感识别也有所帮助，大致分为两类：一类是利用深度学习网络提出有效的情感特征，再送入分类器中进行识别；也有学者利用迁移学习的办法，在语音情感数据库上进行微调提取有效特征，获得良好效果。另一类是研究者将分类器替换为深度神经网络进行识别，一些研究者将语音转化为语谱图送入卷积神经网络中，采用类似图像识别的处理方式为研究提供新思路。语音情感识别采用何种建模算法一直是研究者们非常关注的问题，但是在不同情感数据库上、不同的测试环境中，不同的识别算法各有优劣，不能一概而论。

拓展阅读

人工智能语音识别技术方兴未艾——智能语音助手或成未来间谍?

“语音助手越来越像人了！”这是一名手机用户在与新一代谷歌助手互动时，所发出的感叹。事实上，随着人工智能的高速发展，小爱同学、天猫精灵、谷歌助手等一系列新型语音助手相继问世。同时，由语音助手催生的泄密或安全威胁，成为我们不得不关注的问题。

在新媒体蓬勃发展的今天，微博、微信、短视频正逐渐取代传统媒体，成为民众获取信息的主渠道。而在“人人皆能发声”的语境之下，“长篇大论”已不是最佳的传播模式，碎片化的“口耳相传”反而能得到受众的欢迎。假设我们身边有一名

“不知名的亲密网友”，他能在平时采集我们的生活信息，了解我们的喜好，模拟日常交互行为，营造“融洽”的交流氛围，那么他就能通过语音交流、图片分享、视频互动等手段传播它们的立场、观点和看法，潜移默化地影响甚至改造我们的观念，其作用恐怕比单纯的“信息推送”更为明显。日前，全球知名的社交平台 Facebook 的语音助手 Aloha 再度曝光。由此可以预测，基于社交网络的智能语音助手已不再遥远。

不可否认，人与人工智能之间总存在一堵不可逾越的高墙，智能语音的作用也难以超越真人间的交互。然而，大批量智能语音机器人的投入使用，必能极大降低人力成本。且随着自然语言处理技术的深入发展，模拟人声越发真实。而智能语音系统在经过人机交互学习后，甚至可能直接影响网络空间的舆论氛围。知名科幻电影《机械姬》讲述了一则人工智能机器人艾娃，通过一连串足以乱真的表演，成功诱骗男主角助其逃脱开发公司控制的奇妙故事。的确，在精致的伪装之下，人工智能也会令人类的智商“下线”。

前不久，即时通信巨头 Line 推出了拥有全息形象的智能助手——全新版本的 Gatebox，它让智能语音助手摆脱了“只闻其声，不见其人”的技术瓶颈，以一种更为拟人的姿态呈现在用户面前。试想，当“智能语音助手 + 全息投影”获得成功，《钢铁侠》电影系列中的贾维斯是否会成为人工智能终端中的“朋友”？

当下，“深度学习 + 大数据 + 并行计算”共同推动了人工智能技术实现跨越式发展。业界人士认为，智能语音识别领域将会实现较大突破。而在“新版 Google Assistant”之前，微软已发布全双工语音技术，从理论上能够使“人机交互”进化为“人机交流”，人机互动想必会更为“亲密”。

技术革新对战争形态的影响是深刻而又强烈的，在技术防范上，若不能做到先发制人，则易制于人。古人云：“伐国之道，攻心为上，攻城为下；心胜为上，兵胜为下。”面向未来，我们不能小看大批量语音助手投入战场的致命威胁。也许，目前对智能语音技术的军事应用还停留在设想阶段，但我们不能忽视技术升级所带来的安全风险，提早加强防护显得尤其重要。

思考与练习

1. 语音识别系统的组成有哪些？
2. 语音合成主要方法有哪些？每种方法的优缺点是什么？
3. 简单介绍语音转换在语音合成中的应用。
4. 语音情感识别系统由几部分组成？情感识别算法有哪几种？

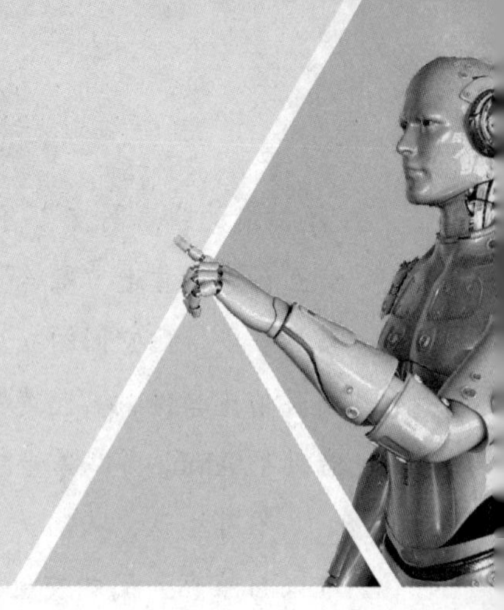

单元九

计算机视觉

单元导读

从一张图片上辨识出各个物体对于人类来说轻而易举，但是对于计算机来说却并不直观。例如目前很热门的自动驾驶技术，就是通过让计算机“看”懂周围环境并进行驾驶判断，但是我们怎么能够让计算机认出图片上的各个物体，怎么能够赋予计算机“看”的能力？带着这些疑问，我们开始本单元的学习。

学习目标

1. 了解计算机视觉概念。
2. 熟悉数字图像的类型和表示方法。
3. 掌握基于浅层模型的方法和基于深度模型的方法。

计算机视觉是一门研究如何赋予机器“看”的智能的科学，更进一步地说，就是指用摄影机和电脑代替人眼对目标进行识别、跟踪和测量等机器视觉，并进一步做图形处理。作为一个科学学科，计算机视觉研究相关的理论和技术，试图建立能够从图像或者多维数据中获取“信息”的人工智能系统。这里的信息指可以用来帮助做一个“决定”的信息。作为一个新兴学科，计算机视觉是通过对相关的理论和技术进行研究，从而试图建立从图像或多维数据中获取信息的人工智能系统。

9.1 计算机视觉概述

计算机视觉是从图像或者视频中提出符号或者数值信息，分析计算该信息以进

行目标的识别、检测和跟踪等。更形象地说，计算机视觉就是让计算机像人类一样能看到图像，并看懂理解图像。

计算机视觉开始于 20 世纪 50 年代，主要用于分析和识别二维图像，如光学字符识别、显微图片的分析解释等。到 60 年代，通过计算机程序可以将二维图像转换成三维结构进行分析，从此开启三维场景下计算机视觉研究。到 70 年代，麻省理工学院的人工智能实验室首次开设计算机视觉课程，由著名的 Horn 教授主讲，同实验室的 Marr 教授首次提出表示形式（representation）是视觉研究最重要的问题。到八九十年代，计算机视觉迅速发展，形成感知特征的新理论框架并逐渐应用到工业环境中。到 21 世纪，计算机视觉领域呈现许多新的趋势，计算机视觉与计算机图形学深度结合，基于计算机视觉的应用也呈爆炸性增长，除了在手机、电脑上的应用，计算机视觉技术在交通、安防、医疗、机器人上有各种各样形态的应用。目前，计算机视觉技术已经应用在制造业、工业检验、文档分析、医疗诊断、军事目标跟踪、自主导航等系统中。

现如今，随着数字化时代的到来，计算机视觉已广泛应用于各种各样的实际应用中，下面列出八种不同的计算机视觉任务。

9.1.1　图像分类

图像分类根据图像的语义信息来区分不同类别的图像。它是计算机视觉中的一个重要的基础问题，也是目标检测、图像分割、目标跟踪、行为分析和人脸识别等高级视觉任务的基础。图像分类在许多领域都有着广泛的应用。例如：安防领域的人脸识别和智能视频分析等，交通领域的交通场景识别，互联网领域基于内容的图像检索和相册自动归类，医学领域的图像识别等。图 9-1 所示为图像分类实例，给定一张图片，通过模型给出各个种类的可能性。

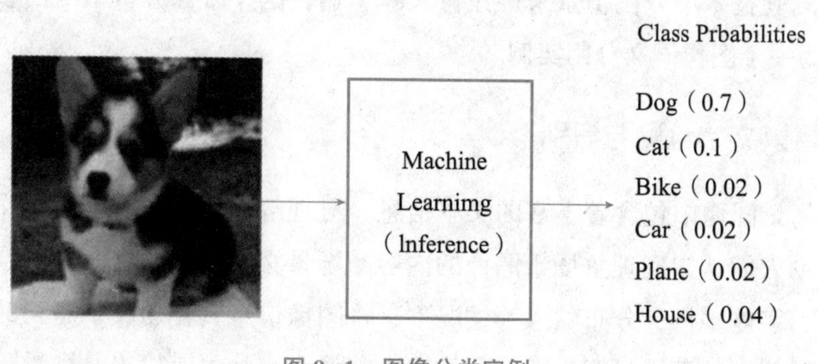

图 9-1　图像分类实例

9.1.2 目标检测、跟踪和定位

目标检测的任务是给定一张图像或一个视频帧，让计算机找出其中所有目标的位置，并给出每个目标的具体类别。对于人类来说，目标检测是一个非常简单的任务。然而，计算机能够“看到”的是图像被编码之后的数字，因此对于计算机而言很难理解图像或视频帧中出现了人或是物体这样的高层语义概念，也就更加难以定位目标出现在图像中哪个区域。与此同时，由于目标会出现在图像或是视频帧中的任何位置，目标的形态千变万化，图像或是视频帧的背景千差万别，诸多因素都使得目标检测对计算机来说是一个具有挑战性的问题。图 9-2 所示为一个目标检测、跟踪和定位实例。

图 9-2 一个目标检测、跟踪和定位实例

9.1.3 图像语义分割

图像语义分割，顾名思义是将图像像素按照表达的语义含义的不同进行分组 / 分割。图像语义是指对图像内容的理解，例如，能够描绘出什么物体在哪里做了什么事情等，分割是指对图片中的每个像素点进行标注，标注属于哪一类别。近年来用在无人驾驶技术中分割街景来避让行人和车辆、医疗影像分析中辅助诊断等。图 9-3 所示为一个图像语义分割实例。

9.1.4 场景文字检测与识别

许多场景图像中包含着丰富的文本信息，对理解图像信息有着重要作用，能够极大地帮助人们认知和理解场景图像的内容。场景文字识别是在图像背景复杂、分辨率低下、字体多样、分布随意等情况下，将图像信息转化为文字序列的过程，可认为是一种特别的翻译过程，即将图像输入翻译为自然语言输出。场景图像文字识

图 9-3 一个图像语义分割实例

别技术的发展也促进了一些新型应用的产生，如通过自动识别路牌中的文字帮助街景应用获取更加准确的地址信息等。图 9-4 所示为一个场景文字检测与识别实例。

图 9-4 一个场景文字检测与识别实例

9.1.5 图像生成

图像生成是指根据输入向量，生成目标图像。这里的输入向量可以是随机的噪声或用户指定的条件向量。具体的应用场景有：手写体生成、人脸合成、风格迁移、图像修复、超分重建等。图 9-5 所示为一个风格迁移的例子，将人骑自行车按照（a）图的风格融入（b）图，结果如（c）图所示。

(a) (b) (c)

图 9-5 风格迁移实例

9.1.6 人体关键点检测

人体关键点检测，通过人体关键节点的组合和追踪来识别人的运动和行为，对于描述人体姿态，预测人体行为至关重要，是诸多计算机视觉任务的基础，例如动作分类，异常行为检测，以及自动驾驶等，也为游戏、视频等提供新的交互方式。图 9-6 所示为人体关键点检测实例。

图 9-6 人体关键点检测实例

9.1.7 视频分类

视频分类是视频理解任务的基础，与图像分类不同的是，分类的对象不再是静止的图像，而是一个由多帧图像构成的、包含语音数据、运动信息等的视频对象，因此理解视频需要获得更多的上下文信息，不仅要理解每帧图像是什么、包含什么，还需要结合不同帧，知道上下文的关联信息。

9.1.8 度量学习

度量学习也称作距离度量学习、相似度学习，通过学习对象之间的距离，度量学习能够用于分析对象时间的关联、比较关系，在实际问题中应用较为广泛，可应用于辅助分类、聚类问题，也广泛用于图像检索、人脸识别等领域。

计算机视觉在许多领域有着广泛的应用价值。据说人一生中 70% 的信息是通过“看”来获得的，因此，看的能力对人工智能是非常重要的。大部分的 AI 系统都需要和人交互或者需要根据周边环境情况做决策，因此，计算机“看”的能力的重要性就更为凸显。随着计算机视觉的发展，越来越多的计算机视觉系统开始走入人们的日常生活，如人脸识别、指纹识别、车牌识别、视频监控追踪、自动驾驶汽车、增强现实等。

计算机视觉是让计算机理解图像的过程。图像处理能力赋予计算机看的能力以用于获取信息，图像是人工智能的重要输入。图像处理的目的是将低质量的输入图像转换为高质量的输出图像。常用的方法包括图像压缩编码、图像变换、图像描述、图像增强和图像复原。图像压缩编码是为了减少描述图像的比特数，以节省传输和存储的消耗。图像变换的目的是减少计算量，如将空间域的图像阵列变换到频域空间来处理。图像描述是图像理解的前提，它的功能是挖掘出描述图像的一般或主要信息。图像增强和图像复原主要用于改善图像质量，如去除噪声、增强高频信息等。图像处理技术方法主要依靠一些数学变换。

模式识别、机器学习、深度学习等算法赋予了计算机看懂的能力，是人工智能的关键与核心，更形象地说就是这些算法可以让计算机像人脑一样去理解图像。模式识别、机器学习、深度学习是让机器感知或学习的工具或方法。让计算机看懂这一过程，就是根据图像或者视频数据建模的过程。建模则是用数学符号或者公式推理数据之中的一般模式或者规律，从而可以对新输入的数据进行分类或者回归，分类就是输出数据的类别，回归与数学中的映射函数类似，输出数据的可能值。

9.2 数字图像的类型和表示

由于计算机所“看到”的数字图像由一个个像素点组成，对于人而言看似很简单的计算机视觉任务，对机器却极富挑战性。在计算机中，按照颜色和灰度的多少可以将图像分为二值图像、灰度图像、索引图像和真彩色 RGB 图像四种基本类型。目前，大多数图像处理软件都支持以下 4 种类型的图像。

（1）二值图像：即图像上的每一个像素只有两种可能的取值或灰度等级状态，0 和 1，0 代表黑，1 代表白，或者说 0 表示背景，而 1 表示前景。其保存也相对简单，每个像素只需要 1Bit 就可以完整存储信息。如果把每个像素看成随机变量，一共有 n 个像素，那么二值图有 2 的 n 次方种变化，而 8 位灰度图有 255 的 n 次方种变化，8 位三通道 RGB 图像有 255 255 255 的 n 次方种变化。也就是说同样尺寸的图像，二值图保存的信息更少。二值图像通常用于文字、线条图的扫描识别（OCR）和掩膜图像的存储。如图 9-7（a）所示。

（2）灰度图像：每个像素只有一个采样颜色的图像，这类图像通常显示为从最暗黑色到最亮的白色的灰度，尽管理论上这个采样可以是任何颜色的不同深浅，甚至可以是不同亮度上的不同颜色。灰度图像与黑白图像不同，在计算机图像领域中，黑白图像只有黑色与白色两种颜色；但是，灰度图像在黑色与白色之间还有许多级的颜色深度。灰度图像经常是在单个电磁波频谱如可见光内测量每个像素的亮度得到的，用于显示的灰度图像通常用每个采样像素 8 位的非线性尺度来保存，这样可以有 256 级灰度（如果用 16 位，则有 65 536 级）。如图 9-7（b）所示。

(a) 二值图像　　(b) 256 级灰度图　　(c) RGB 真彩色

图 9-7　数字图像的类型

（3）彩色图像：指 RGB 真彩色图像，通常包含三个通道的信息，每个像素通常是由红（R）、绿（G）、蓝（B）三个分量来表示的，分量介于 [0，255]。RGB 图像

每一个像素的颜色值（由 RGB 三原色表示）直接存放在图像矩阵中，由于每一像素的颜色需由 R、G、B 三个分量来表示，M、N 分别表示图像的行列数，三个 M × N 的二维矩阵分别表示各个像素的 R、G、B 三个颜色分量。如图 9–7（c）所示。

（4）索引图像：文件结构比较复杂，除了存放图像的二维矩阵外，还包括一个称为颜色索引矩阵 MAP 的二维数组。MAP 的大小由存放图像的矩阵元素值域决定，如矩阵元素值域为 [0，255]，则 MAP 矩阵的大小为 256 × 3，用 MAP=[RGB] 表示。MAP 中每一行的三个元素分别指定该行对应颜色的红、绿、蓝单色值，MAP 中每一行对应图像矩阵像素的一个灰度值，如某一像素的灰度值为 64，则该像素就与 MAP 中的第 64 行建立了映射关系，该像素在屏幕上的实际颜色由第 64 行的 [RGB] 组合决定。索引图像一般用于存放色彩要求比较简单的图像，如 Windows 中色彩构成比较简单的壁纸多采用索引图像存放，如果图像的色彩比较复杂，就要用到 RGB 真彩色图像。

除了上述四种图像，还有一类特殊的相机可以采集深度信息，即 RGBD 图像。RGBD 图像对每个像素除赋予红绿蓝彩色信息之外，还会有一个表达深度的值，即该像素距离摄像机的距离，其单位取决于相机的测量精度，一般为毫米，至少用 2 个字节表示。深度信息本质上反映了物体的 3D 形状信息。这类相机在体感游戏、自动驾驶、机器人导航等领域有潜在的、广泛的应用价值。

此外，计算机视觉处理的图像或视频还可能来自人眼之外的成像设备，它们所采集的电磁波段信号超出了人眼所能够感知的可见光电磁波段范围，如红外、紫外、X 光成像等。这些成像设备及其后续的视觉处理算法在医疗、军事、工业等领域有非常广泛的应用，可用于缺陷检测、目标检测、机器人导航等。例如在医疗领域，通过计算机断层 X 光扫描（CT），可以获得人体器官内部组织的结构，3D 的 CT 图中每个灰度值反映的是人体内某个位置对 X 射线的吸收情况，体现的是内部组织的致密程度。通过 CT 图像处理和分析，可实现对病灶的自动检测和识别。

在大多数计算机视觉任务中，一般操作的都是 RGB 真彩色图像，或者为了研究方便，只针对一个通道进行研究，即灰度图像。

9.3　常用计算机视觉模型和技术

虽然计算机视觉的任务有多种，但是大多数任务本质上可以建模为一个广义的函数拟合问题，如图 9–8 所示。

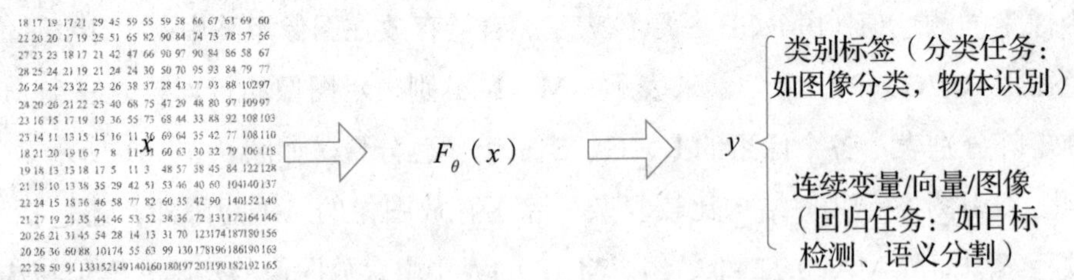

图 9-8　常见视觉任务的实现方法模型

对于任意的输入图像 x，需要学习一个函数 $F_\theta(x)$，其中 θ 为一个需要学习的参数，使得 $y=F_\theta(x)$，其中 y 可能有两大类：

第一类，y 为类别标签，对应模式识别或机器学习中的“分类”问题，如场景分类、图像分类、物体识别、精细物体类识别、人脸识别等视觉任务。这类任务的特点是输出 y 为有限种类的离散型变量。

第二类，y 为连续变量或向量或矩阵，对应模式识别或机器学习中的“回归”问题，如距离估计、目标检测、语义分割等视觉任务。在这些任务中，y 或者是连续的变量（如距离、年龄、角度等），或者是一个回重（物体的横纵坐标位置和长宽），或者是每个像素有一个所属物体类别的编号（如分割结果）。

迄今为止，出现了很多方法来实现上述模型，其中大多数方法可以分为两大类，基于浅层模型和基于深度模型的方法。

9.3.1　基于浅层模型的方法

由于实现上述视觉任务的函数 F_θ 通常都是十分复杂的，因此，基于浅层模型的方法遵循“分而治之”的思想，将其拆分成多个子任务，分布求解。图 9-9 所示为一个常用的浅层视觉模型的处理流程。

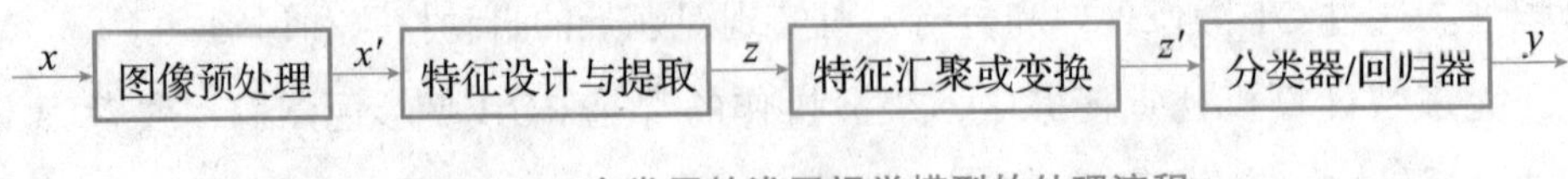

图 9-9　一个常用的浅层视觉模型的处理流程

步骤 1：图像预处理过程 p。输入为图像 x，输出为处理后的图像 x'。主要操作包括目标对齐、几何归一化、亮度或颜色校正等。该过程的目的是提高数据的一致性。

步骤 2：特征设计与提取过程 q。从预处理后的图像中提取特征，这些特征一般是反映图像的边缘、部件或场景特性。此过程一般由人工根据专家知识进行设计。

步骤 3：特征汇聚或变换 h。为了方便后续分类或回归过程，需要对前一过程提取的局部特征 z 进行统计汇聚或降维处理，以得到维度更低的特征 z'。例如线性模型，即 $z'=Wz$，其中 W 为矩阵形式表达的线性变换，一般需要在训练集合进行学习得到。

步骤 4：分类器或回归器 g。采用机器学习或模式识别的方法，基于一个有类别标签的训练，即通过监督学习的机器学习方法来学习得到。例如采用线性模型，即 $y=Wz'$，可以通过优化 $W^*=\arg\min_W \sum_{i=1}^{N} ||y_i - Wz_i'||_2$ 得到，其中 z_i' 表示步骤 3 得到的 x_i 的特征。

上述流程可以理解为将 F_θ 拆分成四个序贯执行的 4 个函数 p，q，h，g，即 $y=g(h(q(p(x))))$。很显然，与深度学习端到端的自动学习相比，上述流程非常依赖基于专家知识的人工设计。通常称这些模型为浅层视觉模型。下面将针对后面三个步骤进行概述。

人工设计特征本质是一种专家知识驱动的方法，即研究者自己或通过咨询特定领域的专家，根据理解来设计流程提取自认为或专家认为“好”的特征。例如，在人脸识别研究初期，大部分研究人员都认为利用面部关键特征点的相对距离、角度或器官面积等就能实现人脸识别，但这些特征很快就被实验证明效果并不好。目前，大多数人工设计的特征有两大类，建模图像中全部像素或多个不同区域像素中所蕴含的信息的全局特征和只从一个局部区域的少量像素提取信息的局部特征。

全局特征通常对图片的颜色、整体结构或形状等进行建模，或者是对图像场景的空间形状属性进行建模。相比于局部特征，全局特征较为粗粒度，适用于高效而无须精分的任务场景，而局部特征可以用来提取更为精细的特征，因此具有普适性。在这些年的发展中，研究人员设计了大量的局部特征。这些局部特征通常以建模边缘、梯度或纹理等为目标，采用的方法包括滤波器设计、局部统计量计算、直方图等。目前最为典型的局部特征有 SIFT、SURF、HOG、LBP、Gabor 滤波器、DAISY、BRIEF、ORB、BRISK 等数十种，下面以 SIFT 为例详细介绍其提取方法。

SIFT 即尺度不变特征变换，是用于图像处理领域的一种描述。这种描述具有尺度不变性，可在图像中检测出关键点，是一种局部特征描述。SIFT 算法实现特征匹配主要有以下三大工序。

1. 尺度空间的极值检测

关键点是一些十分突出的不会因光照、尺度、旋转等因素而消失的点，比如角点、边缘点、暗区域的亮点以及亮区域的暗点。此步骤是搜索所有尺度空间上的图像位置。通过高斯微分函数来识别潜在的具有尺度和旋转不变的兴趣点。

尺度空间理论最早出现于计算机视觉领域，当时其目的是模拟图像数据的多尺度特征。尺度空间理论的主要思想是利用高斯核卷积对原始图像进行尺度变换，获得图像多尺度下的尺度空间表示序列，对这些序列进行尺度空间特征提取。二维高斯函数定义如下：

$$G(x,\ y,\ \sigma)=\frac{1}{2\pi\sigma^2}\mathrm{e}^{-\left(x^2+y^2\right)/2\sigma^2} \quad (1)$$

一幅二维图像，在不同尺度下的尺度空间表示可由图像与高斯核卷积得到：

$$L(x,\ y,\ \sigma)=G(x,\ y,\ \sigma)\cdot I(x,\ y) \quad (2)$$

其中 $(x,\ y)$ 为图像点的像素坐标，$I(x,\ y)$ 为图像数据，L 代表了图像的尺度空间。σ 称为尺度空间因子，它也是高斯正态分布的方差，其反映了图像被平滑的程度，其值越小，表示图像被平滑程度越小，相应尺度越小。大尺度对应于图像的概貌特征，小尺度对应于图像的细节特征。因此，选择合适的尺度因子平滑是建立尺度空间的关键。

在这一步里，主要是建立高斯金字塔和 DOG（Difference of Gaussian）金字塔，然后在 DOG 金字塔里面进行极值检测，以初步确定特征点的位置和所在尺度。

（1）建立高斯金字塔。

为了得到在不同尺度空间下的稳定特征点，将图像 $I(x,\ y)$ 与不同尺度因子下的高斯核 G(x，y，σ) 进行卷积操作，构成高斯金字塔。

高斯金字塔有 o 阶，一般选择 4 阶，每一阶有 s 层尺度图像，s 一般选择 5 层。在高斯金字塔的构成中要注意，第 1 阶的第 1 层是放大 2 倍的原始图像，其目的是为了得到更多的特征点；在同一阶中相邻两层的尺度因子比例系数是 k，则第 1 阶第 2 层的尺度因子是 $k\sigma$，然后其他层以此类推则可；第 2 阶的第 1 层由第一阶的中间层尺度图像进行子抽样获得，其尺度因子是 $k^2\sigma$，然后第 2 阶的第 2 层的尺度因子是第 1 层的 k 倍即 $k^3\sigma$。第 3 阶的第 1 层由第 2 阶的中间层尺度图像进行子抽样获得，其他阶的构成以此类推。

（2）建立 DOG 金字塔。

DOG 即相邻两尺度空间函数之差，用 D(x，y，σ) 来表示，如下所示：

$$D(x,\ y,\ \sigma)=\left(G(x,\ y,\ k\sigma)\cdot G(x,\ y,\ \sigma)\right)\cdot I(x,\ y)=L(x,\ y,\ k\sigma)-L(x,\ y,\ \sigma) \quad (3)$$

DOG 金字塔通过高斯金字塔中相邻尺度空间函数相减即可，如图 9-10 所示。在图 9-10 中，DOG 金字塔的第 1 层的尺度因子与高斯金字塔的第 1 层是一致的，其他阶也一样。

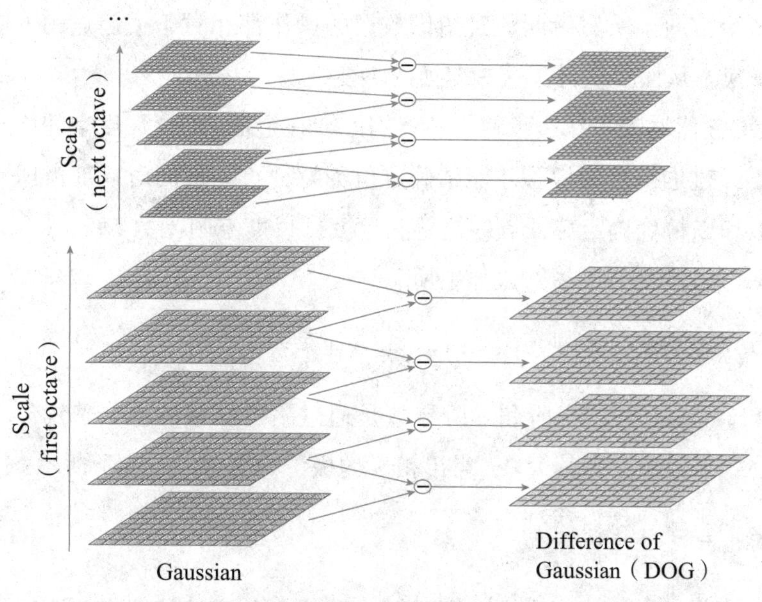

图 9–10 高斯图像金字塔（S=2）与 DOG 金字塔

（3）DOG 空间的极值检测。

在上面建立的 DOG 尺度空间金字塔中，为了检测到 DOG 空间的最大值和最小值，在 DOG 尺度空间中，中间层（最底层和最顶层除外）的每个像素点需要跟同一层的相邻 8 个像素点以及它上一层和下一层的 9 个相邻像素点总共 26 个相邻像素点进行比较，以确保在尺度空间和二维图像空间都检测到局部极值，如图 9–11 所示。在图 9–11 中，标记为叉号的像素若比相邻 26 个像素的 DOG 值都大或都小，则该点将作为一个局部极值点，记下它的位置和对应尺度。

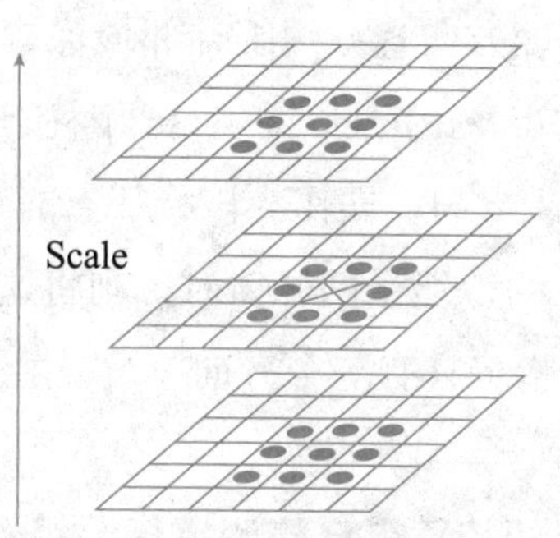

图 9–11 DOG 空间局部极值检测

2. 特征点定位和特征方向赋值

在每个候选的位置上，通过一个拟合精细的模型来确定位置和尺度。关键点的选择依据于它们的稳定程度。然后基于图像局部的梯度方向，分配给每个关键点位置一个或多个方向。所有后面的对图像数据的操作都相对于关键点的方向、尺度和位置进行变换，从而提供对于这些变换的不变性。

由于 DOG 值对噪声和边缘较敏感，因此，在上面 DOG 尺度空间中检测到局部极值点还要经过进一步的检验才能精确定位为特征点。下面对局部极值点进行三维二次函数拟和以精确确定特征点的位置和尺度，尺度空间函数 $D(x, y, \sigma)$ 在局部极值点 (x_0, y_0, σ) 处的泰勒展开式如下所示。

$$D(x, y, \sigma) = D(x_0, y_0, \sigma) + \frac{\partial D^T}{\partial X} X + \frac{1}{2} X^T \frac{\partial^2 D}{\partial X^2} X \tag{4}$$

其中 $X=(x, y, \sigma)^{\mathrm{T}}$，一阶和二阶导数是通过附近区域的差分来近似求出的。通过对上述公式求导，并令其为 0，得出精确的极值位置 $X_{\max}$，如下所示：

$$X_{\max} = -\left(\frac{\partial^2 D}{\partial X^2}\right)^{-1} \frac{\partial D}{\partial X} \tag{5}$$

在上面精确确定的特征点中，同时要去除低对比度的特征点和不稳定的边缘响应点，以增强匹配稳定性，提高抗噪声能力，这里不作详细介绍。

利用特征点邻域像素的梯度方向分布特性为每个特征点指定方向参数，使算子具备旋转不变性。

$$\begin{cases} m(x, y) = \sqrt{\big(L(x+1, y) - L(x-1, y)\big)^2 + \big(L(x, y+1) - L(x, y-1)\big)^2} \\ \theta(x, y) = \arctan \dfrac{L(x+1, y) - L(x-1, y)}{L(x, y+1) - L(x, y-1)} \end{cases} \tag{6}$$

公式（6）为 (x, y) 处的梯度值和方向。L 为所用的尺度为每个特征点各自所在的尺度，(x, y) 要确定是哪一阶的哪一层。在实际计算过程中，在以特征点为中心的邻域窗口内采样，并用梯度方向直方图统计邻域像素的梯度方向。梯度直方图的范围是 0° ～ 360°，其中每 10° 一个柱，总共 36 个柱。梯度方向直方图的峰值则代表了该特征点处邻域梯度的主方向，即作为该特征点的方向。在梯度方向直方图中，当存在另一个相当于主峰值 80% 能量的峰值时，则将这个方向认为是该特征点的辅方向。一个特征点可能会被指定具有多个方向（一个主方向，一个以上辅方向），这可以增强匹配的鲁棒性。

通过上面的两步，图像的特征点已检测完毕，每个特征点有 3 个信息：位置、对应尺度、方向，然后生成各个关键点的特征向量。

3. 特征点匹配

通过各关键点的特征向量，进行两两比较找出相互匹配的若干对特征点，建立景物间的对应关系。

首先，进行相似性度量。一般采用各种距离函数作为特征的相似性度量，如欧氏距离、马氏距离等。通过相似性度量得到图像间的潜在匹配。这里采用欧氏距离作为两幅图像间的相似性度量。获取 SIFT 特征向量后，采用优先决策树进行优先搜索来查找每个特征点的近似最近邻特征点。在这两个特征点中，如果最近的距离除以次近的距离少于某个比例阈值，则接受这一对匹配点。降低这个比例阈值，SIFT 匹配点数目会减少，但更加稳定。其次，消除错配。通过相似性度量得到潜在匹配对，其中不可避免会产生一些错误匹配，因此需要根据几何限制和其他附加约束消除错误匹配，提高鲁棒性。常用的去外点方法是 RANSAC 随机抽样一致性算法，常用的几何约束是极线约束关系。

特征汇聚与特征变换方法如下：通过图 9-9 所示的步骤 2 提取的特征通常非常多，加剧了后续计算的难度。因此，在将特征输入分类器或回归器之前需要对其进行进一步处理，将高维度特征降维或是变换到具有更好判别能力的新空间，即特征汇聚与特征变换。

（1）特征汇聚方法最为典型的包括视觉词袋模型、Fisher 可量和局部聚合向量（VLAD）方法。其中，词袋模型（BOW）最早出现在自然语言处理（NLP) 和信息检索（IR）领域。该模型忽略掉文本的语法和语序，用一组无序的单词来表达一段文字或一个文档。受此启发，研究人员将词袋模型扩展到计算机视觉中，并称之为视觉词袋模型（BOVW)。简而言之，图像可以被看作文档，而图像中的局部视觉特征可以看作是单词的实例，从而可以直接应用 BOW 方法实现大规模图像检索等任务。

（2）特征变换方法，又称子空间分析法。这类方法特别多，典型的方法包括主成分分析（PCA)、线性判别分析、核方法、流形学习等。其中，主成分分析是一种在最小均方误差意义下最优的线性变换降维方法，在计算机视觉中应用极为广泛。PCA 在寻求降维变换时的目标函数是重构误差最小化，与样本所属类别无关，因而是一种无监督的降维方法。但在众多计算机视觉应用中，分类才是最重要的目标，因此以最大化类别可分性为优化目标寻求特征变换成为一种最自然的选择，这其中最著名的就是费舍尔线性判别分析方法（FLDA)。FLDA 也是一种非常简单而优美的线性变换方法，其基本思想是寻求一个线性变换，使得变换后的空间中同一类别的样本散度尽可能小，而不同类别样本的散度尽可能大，即所谓“类内散度小，类间散度大”。该方法曾经是实现非线性变换的重要手段之一。该函数实现了一种隐式的非线性映射，将原始特征映射到新的高维空间，从而可以在无须显式得到映射函数和目标空间的情况下，计算该空间内模式向量的距离或相似度，完成模式分类或回归任务。前述的 PCA 和 FLDA 均可以 Kernel 化，以实现“非线性”的特征提取。

通过前两个步骤提取特征并对其进行进一步汇聚和变换，剩下的步骤就是分类器或回归函数的设计和学习。计算机视觉中的分类器基本都借鉴模式识别或机器学习领域，例如最近邻分类器、线性感知机、决策树、随机森林、支持向量机、AdaBoost、神经网络等都可行。

9.3.2 基于深度模型的方法

计算机视觉应用深度学习的热潮爆发在 2012 年 ImageNet 比赛，辛顿教授研究组设计了深度卷积神经网络（DCNN）模型 AlexNet，相比于传统方法有飞跃性的提升。事实上，深度学习中的深度卷积神经网络也是通过滤波器提取局部特征，然后通过逐层卷积和汇聚，逐渐将“小局部”特征扩大为“越来越大的局部”特征，甚至最终通过全连接形成“全局特征”。但与浅层模型相比，深度模型的滤波器参数（权重）不是人为设定的，而是通过神经网络的 BP 算法等训练学习而来。而且 DCNN 模型以统一的卷积作为手段，实现了从小局部到大局部（即所谓层级感受野）特征的提取。

1. 基于深度模型的目标检测技术

目标检测是计算机视觉中的一个基础问题，通俗地讲，就是给定一个输入的图像，我们希望模型可以分析这个图像里究竟有哪些物体，并能够定位这些物体在整个图像中的位置，对于图像中的每一个像素，能够分析其属于哪一个物体。

R-CNN 是最早成功应用到目标检测上的深度模型。首先，R-CNN 的输入是一个图片，输出是一个“选定框”和对应的标签。R-CNN 采用了一种直观的方法来生成选定框：尽可能多地生成选定框，然后来看究竟哪一个选定框对应了一个物体。具体来说，针对图像，R-CNN 先用不同大小的选定框来扫描，并且尝试把临近的具有相似色块、类型、密度的像素都划归到一起去。然后，再利用一个 AlexNet 的变形来对这些待定的选定框进行特征提取。在模型的最后一层，R-CNN 加入了一个支持向量机（SVM）来判断待选定框是否是某个物体。判断好了选定框以后，R-CNN 再运行一个线性回归来对选定框的坐标进行微调。

R-CNN 虽然证明了在物体识别这样的任务中，CNN 的确可以超越传统的模型，但整个模型由多个模块组成，相对比较烦琐。Fast R-CNN 的一个重要特点就是观察到每一个待定的选定框都需要进行特征提取。这里的特征提取其实就是一个神经网络，往往非常消耗资源。而且很多待定的选定框有很多重叠的部分，可以想象就会有很多神经网络的计算是重复多余的。Fast R-CNN 的另外一个特点就是尝试用一个神经网络架构去替代 R-CNN 中间的四个模块。Fast R-CNN 和 R-CNN 相比在

效果上差不多，但是训练时间快了 9 倍以上。

2. 基于全卷积网络的图像分割

对于像素级的分类和回归任务（如图像分割或边缘检测），代表性的深度网络模型是全卷积网络（fully convolutional network，FCN）。经典的 DCNN 在卷积层之后使用了全连接层，而全连接层中单个神经元的感受野是整张输入图像，破坏了神经元之间的空间关系，因此不适用于像素级的视觉处理任务。为此，FCN 去掉了全连接层，代之以 1×1 的卷积核和反卷积层，从而能够在保持神经元空间关系的前提下，通过反卷积操作获得与输入图像大小相同的输出。进一步，FCN 通过不同层、多尺度卷积特征图的融合为成像系级的分类和回归任务提供了一个高效的框架。

3. 基于深度模型的视觉问答

视觉问答（VQA）即系统能够根据图片回答一些特定的问题。通常来说，一些具备完成人类任务的系统似乎总被认为是在科幻小说中才能出现，而不会马上想到人工智能。然而，随着深度学习的出现，我们在视觉问答方面已经取得了巨大的研究进展。视觉问答中的算法大致可分为三个步骤：从图像中提取特征；从问题中提取特征；结合图像和文本特征来生成答案。在结合图像特征的情况下，在 ImageNet 上预先训练的卷积神经网络是最常见的选择。对于问题的生成，通常将问题建模为分类任务。目前，许多用于 VQA 的模型往往只使用了 CNN 的特征，CNN 的特征大部分情况下是直接用 ImageNet 训练好的模型，但由于用户的问题是不确定的，要正确回答用户提出的任意问题，需要解决多个计算机的任务，使用的特征有时过于单一。

拓展阅读

计算机视觉技术

计算机视觉技术（也被称为机器视觉）允许机器以视觉方式解释周围的世界。作为人工智能的一种形式，计算机视觉的本质是关于数据的分析和学习，只不过需要处理的数据都是视觉数据，而不是文本或者数据。通常来说，视觉数据都是以照片或者视频的形式存在，但是也可能包含来自热像仪和红外热像仪的数据。计算机视觉最主要的应用是面部识别，这种技术经常被用于安全和执法领域。但是，本文介绍一些计算机视觉技术不太明显的用途，特别是以下三个行业可能会从这种技术趋势的发展中受益匪浅。

（1）计算机视觉在农业中有多种用途，包括检测杂草、病虫害、分析土地、发现漏水、跟踪动物以及对采摘后的农产品进行挑拣和分类。所有这些都可以帮助农民降低成本，同时最大限度地提高效率并增加产量。在一个例子中，计算机视觉和机器学习被用于检测木瓜的成熟度。来自巴西坎皮纳斯大学和隆德里纳州立大学的一组研究人员正在开发计算机视觉软件，可以通过图像检测水果的成熟程度，目前准确率已经达到94.7%。该项目的目标是帮助巴西的木瓜种植者们挑拣出成熟程度较低的水果出口，将最成熟的水果留在当地销售，通过这种方法最大程度地提高他们种植的水果的价值。这些研究人员还希望开发出一款消费者应用程序，帮助购物者根据他们计划食用的时间挑选正确的水果。在其他地方，Blue River Technology 公司的 See & Spray 系统使用计算机视觉来识别哪些植物是农作物，哪些是杂草，这样就可以在不影响健康作物的情况下对单株杂草使用除草剂。据报道，该系统可将除草剂的使用量减少 90%。农业巨头 John Deere 对这个系统的印象实在是过于深刻，以至于该公司最终收购了 Blue River Technology 公司。

（2）计算机视觉在医疗行业中有很多用途，医疗行业的视觉数据特别丰富，包括 CT 扫描图像、X 光片等。计算机视觉让机器能够分析这些图像数据，并且能够识别出异常或者疾病。这可以大大减少花费在图像分析上的时间，从而帮助医生减轻一些压力，让他们可以花更多的时间陪护患者。一系列专门针对医疗保健领域计算机视觉工具正在开发之中，这些工具都构建在人工智能之上。一个例子是科技初创公司 MaxQ AI，该公司开发了一款可以通过 CT 扫描图像检测脑出血症状的软件。这款名为 AccipioIx 的检测软件已获 FDA 批准使用，而 MaxQ AI 也已经宣布与三星、IBM Watson 和 GE Healthcare 结成伙伴关系。微软也加入了这一潮流，该公司的 InnerEye 软件可以识别 X 光片中可能存在的肿瘤和其他异常情况。放射科医生可以上传病人的 X 光片；然后，该软件会确定它认为存在肿瘤的区域。然后，放射科医生可以将注意力集中在 X 光片中已标记的区域上，就不用把时间浪费在那些健康的 X 光片上了。

（3）计算机视觉在零售业非安全方面也有很多潜在的用途。例如，亚马逊在其小型的 Amazon Go 杂货店和便利店中大量使用了这种技术。由于有了计算机视觉技术，亚马逊才能完全取消物理结账流程。客户在商店门口使用亚马逊应用程序自行扫描完成后，他们就可以四处走动，挑选想要的物品，然后离开——整个过程都不需要排队和付款。摄像头会跟踪客户选择的商品，并且自动在客户的亚马逊账户里扣除所选商品的费用。计算机视觉（特别是面部识别）技术还可以被用于识别单个客户，从而为他们提供个性化的推荐和奖励。高档糖果零售商 Lolli & Pops 一直在尝试利用面部识别技术的客户忠诚度计划。选择加入该计划的客户将在进入商店时被识别出来，这意味着销售人员可以根据系统对客户偏好（以及任何可能的过敏）的了解，提供个性化的推荐建议。

随着计算机视觉技术变得越来越便宜，并且越来越易于部署，整个计算机视觉市场到2024年预计达到140亿美元的规模（2019年这一规模为99亿美元）。在不远的将来，我们可以看到越来越多的计算机视觉用例出现在更多的行业之中。

思考与练习

1. 计算机视觉研究的目的是什么？
2. 试分析浅层模型方法的缺陷。
3. 试分析DCNN在提取特征上与传统局部特征提取方法的异同。

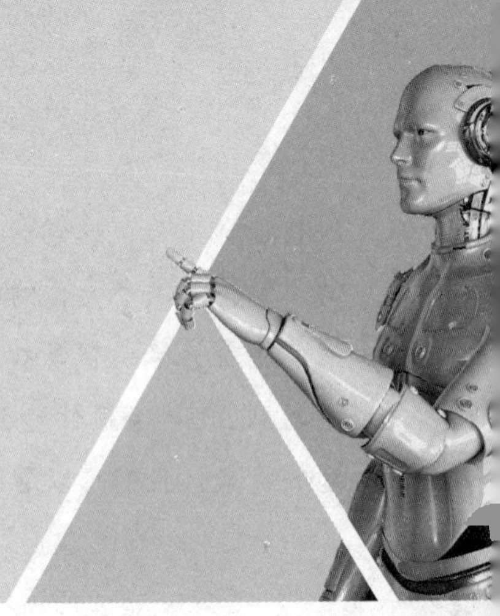

单元十

人工智能应用

单元导读

设想一下这样的情景：秋季休息日的清晨你醒来。打开手机，面容识别帮你解锁了手机，你可以看看有没有新消息，随后洗漱完去早餐店吃早饭，吃完饭回家的过程中想着下午逛一下公园，于是你唤醒手机语音助手，询问“今天下午天气如何”，在得到“晴朗”的回答的同时，感受到迎面吹来的秋季凉风，想到之前搜索过但还没有购买的秋冬衣服，于是回家后登录购物网站打算挑选，网站推荐的一些衣服挺迎合你的审美，于是你完成了购买，然后听了一些推荐音乐，度过了去公园前的休息时间。看上去是一个很惬意且方便的一天。这种便利已经利用了很多人工智能带来的成果，比如面容识别是计算机视觉发展的应用，手机语音助手是语音识别与虚拟助理的结合，购买到喜欢的物品、听到喜欢的音乐和看到喜欢的视频有推荐引擎的功劳等。人们可能在意识到之前，人工智能的终端设备已经渗透到生活的方方面面。人工智能时代极有可能是继蒸汽时代、电气时代、信息时代之后，人类科技发展的下一个时代。

学习目标

1. 了解人工智能在生活中的应用。
2. 了解常见的人工智能应用发展历程。
3. 了解人工智能应用对人类生活与发展的影响。

10.1 智能手机

当谈到人工智能在人们生活中的应用，手机无疑是最具代表性的人工智能终端

设备。在如今，无论是旗舰级还是千元机，AI已经成为标配。在人工智能的加持下，手机能帮人做的事情越来越多，越来越精细复杂。在二十年前只能使用手机打电话发短信的人们肯定不会想到，手中的小机器现在可以变得如此强大。

10.1.1　计算机视觉

计算机视觉是人工智能中非常活跃的一个领域，因为人类的感官信息中，大多数来自视觉，所以要实现人工智能，对视觉的处理是很重要的方面。计算机视觉是使用计算机及相关设备对生物视觉的一种模拟。它的主要任务就是通过对采集的图片或视频进行处理以获得相应场景的三维信息，就像人类和许多其他类生物每天所做的那样。计算机视觉是一门关于如何运用照相机和算法来获取我们所需的被拍摄对象的数据与信息的学问。形象地说，就是给设备安装上眼睛（照相机）和大脑（算法），让它能够感知环境。

使用智能手机拍照的时候，比如拍人像，可以看到在人的面部前面有一个小框框，这就是智能识别人脸的结果，这个功能帮助手机把镜头聚焦到人的身上，省去了手工调焦距的烦琐。生活中遇到不认识的植物，用手机拍下照片，进入识图网站，选择刚拍下的照片进行扫描识别就能得到答案。以及我们日常支付或者软件登录都会经常用到的扫描二维码，即使在背景中有其他图案或者物体，手机也能准确识别出二维码。面容识别让你只需和手机对视一眼，就能解锁各种功能。这些应用都是计算机视觉的功劳。

10.1.2　语音识别

与机器进行语音交流，让机器明白你说什么，这是人们长期以来梦寐以求的事情。语音识别技术最通俗易懂的讲法就是语音转化为文字，并对其进行识别认知和处理。语音识别的主要应用包括医疗听写、语音书写、电脑系统声控、翻译等。随着人工智能的兴起，语音识别技术在理论和应用方面都取得了大突破，开始从实验室走向市场，已逐渐走进我们的日常生活。

讯飞输入法是一个非常有名的输入软件，由中文语音产业领导者科大讯飞推出，其语音输入的速度和准确率在业界都处于领先地位。它还推出方言语音输入，支持客家语、四川话、河南话、东北话、天津话、湖南（长沙）话、山东（济南）话、湖北（武汉）话、安徽（合肥）话、江西（南昌）话、闽南语、陕西（西安）话、江苏（南京）话、山西（太原）话、上海话等方言识别。讯飞输入法还将业界领先的人工智能和大数据技术应用到无障碍模式上，依托无障碍语音输入、表情输入等功能，为视障人群铺设了通向互联网世界的“盲道”，满足 1 700 多万视障群体对无障碍输入个性化、多元化的功能需求。

10.1.3 虚拟个人助理

说到虚拟个人助理，可能大家头脑中还没有具体的概念。但是说到 Siri，你可能会恍然大悟。除 Siri 之外，Windows 10 的 Cortana 也是典型代表。虚拟个人助理是一种对人们的需求有深层理解且功能强大的软件应用。它就像一个导演一样将其他的一般服务进行集成，以便能够最有效地满足我们的需要。这些程序有时被称为“代理”是因为它们“有权”代表我们行事，就像人类代理。人工智能使得这个软件应用更加“聪明”和更有“人性”，尤其是语音识别 + 自然语言处理（NLP），让虚拟个人助理有了理解能力。

最有名的虚拟个人助理莫过于 Siri，Siri 成立于 2007 年，2010 年被苹果以 2 亿美元收购，最初是以文字聊天服务为主，随后通过与全球最大的语音识别厂商 Nuance 合作，Siri 实现了语音识别功能。Siri 技术来源于美国国防部高级研究规划局所公布的 CALO 计划：一个让军方简化处理一些繁复事务，并具学习、组织以及认知能力的数字助理，其所衍生出来的民用版软件 Siri 虚拟个人助理。

使用者可以通过声控、文字输入的方式，来搜寻餐厅、电影院等生活信息，同时也可以直接收看各项相关评论，甚至是直接订位、订票。另外，其适地性（location based）服务的能力也相当强大，能够依据用户默认的居家地址或是所在位置来判断、过滤搜寻的结果。不过其最大的特色是人机的互动方面，不仅有十分生动的对话接口，其针对用户询问所给予的回答不是答非所问，有时候更是让人有种心有灵犀的惊喜，例如使用者如果在说出、输入的内容包括“喝了点”“家”这些字(甚至不需要符合语法，可谓相当人性化)，Siri 会判断为喝醉酒、要回家，并自动建议是否要帮忙叫出租车。

10.1.4 推荐引擎

推荐引擎是基于用户的行为、属性（用户浏览网站产生的数据），通过算法分析和处理，主动发现用户当前或潜在需求，并主动推送信息给用户的信息网络。快速推荐给用户信息，提高浏览效率和转化率。

在信息爆炸的现在，人们在海量的数据中找到他们需要的信息将会变得越来越难，而且很多情况下，人们其实并不明确自己的需要，或者他们的需求很难用简单的关键字来表述，又或者他们需要更加符合自己口味和喜好的结果。所以在这种情

形下推荐引擎便应运而生。推荐引擎综合利用用户的行为、属性，对象的属性、内容、分类，以及用户之间的社交关系等，挖掘用户的喜好和需求，主动向用户推荐其感兴趣或者需要的对象。用户获取信息的方式从简单的、目标明确的数据的搜索，转换到更高级、更符合人们使用习惯的信息发现。

如今，随着推荐技术的不断发展，推荐引擎已经在电子商务（E-commerce，例如 Amazon，淘宝，当当网）和一些基于 social 的社会化站点（包括音乐、电影和图书分享，例如豆瓣，Mtime 等）都取得很大的成功。这也进一步说明了在面对海量的数据、用户需要这种更加智能的、更加了解他们需求、口味和喜好的信息发现机制。

Amazon 作为推荐引擎的鼻祖，已经将推荐的思想渗透在应用的各个角落。Amazon 推荐的核心是通过数据挖掘算法和比较用户的消费偏好与其他用户进行对比，借以预测用户可能感兴趣的商品。Amazon 利用可以记录的所有用户在站点上的行为，根据不同数据的特点对它们进行处理，并分成不同区为用户推送推荐：

“今日推荐”(Today’s Recommendation For You)：通常是根据用户的近期历史购买或者查看记录，并结合时下流行的物品给出一个折中的推荐。

“新产品的推荐”（New For You)：采用了基于内容的推荐机制（Content-based Recommendation)，将一些新到物品推荐给用户。在方法选择上由于新物品没有大量的用户喜好信息，所以基于内容的推荐能很好地解决这个“冷启动”的问题。

“捆绑销售”（Frequently Bought Together)：采用数据挖掘技术对用户的购买行为进行分析，找到经常被一起或同一个人购买的物品集，进行捆绑销售，这是一种典型的基于项目的协同过滤推荐机制。

“别人购买 / 浏览的商品”（Customers Who Bought/See This Item Also Bought/See)：这也是一个典型的基于项目的协同过滤推荐的应用，通过社会化机制，用户能更快更方便地找到自己感兴趣的物品。

值得一提的是，Amazon 在做推荐时，设计和用户体验也做得特别独到：

（1）Amazon 利用它有大量历史数据的优势，量化推荐原因。

（2）基于社会化的推荐，Amazon 会给你事实的数据，让用户信服，例如：购买此物品的用户百分之多少也购买了那个物品。

（3）基于物品本身的推荐，Amazon 也会列出推荐的理由，例如：因为你的购物筐中有，或者因为你购买过，所以给你推荐类似的。

另外，Amazon 很多推荐是基于用户的 profile 计算出来的，用户的 profile 中记录了用户在 Amazon 上的行为，包括看了哪些物品，买了哪些物品，收藏夹和愿望单里的物品等。当然，Amazon 里还集成了评分等其他用户反馈的方式，它们都是 profile 的一部分，同时，Amazon 提供了让用户自主管理 profile 的功能，通过这种方式，用户可以更明确地告诉推荐引擎自己的品位和意图是什么。

10.2 智能机器人

机器人是一种能够半自主或者全自主工作的机器。各种各样的机器人在生产领域发挥着重要的作用：例如，高速操作的集成电路板打孔机器人、准确到位的金属焊接机器人、快捷稳健的材料搬运机器人、为摩天大楼擦洗玻璃的清洁机器人，还有许多在极端环境（高温、高压、低温、真空、水下）代替人类工作的特种机器人……

从是否智能的角度可以分为一般机器人和智能机器人：一般机器人是指不具有智能，只具有一般编程能力和操作功能的机器人，智能机器人是指能够感知周围环境状态，并根据感知的信息思考出采用什么样的动作，对外界做出这种反应动作的机器人。智能机器人感知外界信息需要用到很多的传感器，而人工智能在这里的应用就是处理传感器得到的数据，并完成“思考”过程。

从 1961 年世界上第一个真正意义上的实用普通机器人在美国问世以来，世界各国都纷纷加入奔跑在“研究利用人工智能发展机器人”这条新路上，特别是美国和日本，已经发展成为“机器人强国”。从 20 世纪 80 年代至今，随着智能科学技术、智能控制、智能传感器及计算机技术的飞速发展，我国智能机器人的发展也步入启动期。在“863”计划的支持下，也取得了不少成果，其中最为突出的是水下机器人，6 000 米水下无缆机器人的成果居世界领先水平，还开发出直接遥控机器人、双臂协调控制机器人、爬壁机器人、管道机器人等机种；在机器人视觉、力觉、触觉、声觉等基础技术的开发应用上开展了不少工作，有了一定的发展基础。

2017 年 10 月，在沙特阿拉伯首都利雅得举行的“未来投资倡议”大会上，机器人索菲亚被授予沙特公民身份，她也因此成为全球首个获得公民身份的机器人，如图 10-1 所示。索菲亚是由中国香港的汉森机器人技术公司（Hanson Robotics）开发的类人机器人。索菲亚看起来就像人类女性，拥有橡胶皮肤，能够表现出超过 62 种面部表情。索菲亚“大脑”中的计算机算法能够识别面部，并与人进行眼神接触。虽然她的言行有着很多争议或者营销的成分，但是从技术角度看，索菲亚的表情控制技术、语音识别、面部识别等技术无疑是人工智能的杰作。

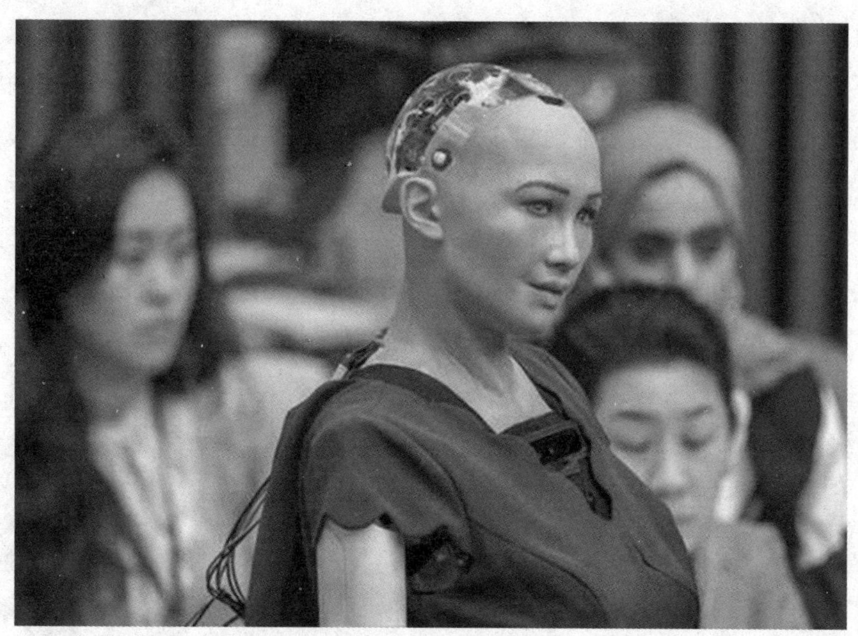

图 10-1　第一位获得公民身份的机器人——索菲亚

当然，到目前为止，机器人的智能远远不能和人的智能相比，还处在初级的阶段，与文学和科幻作品中的机器人相去甚远。即便如此，人们还是对机器人特别是智能机器人的发展寄予热切的期望。这是因为，哪怕智能机器人的智能程度取得微小的进步，也会给人类的生产活动和社会生活带来巨大的利益。也许在未来有一天，强人工智能会与我们看到的科幻电影中的机器人一样，能够判断，具有情感，拥有超强的学习能力。

10.3　无人驾驶

人工智能的广泛应用促进了智能驾驶技术的越发成熟，汽车驾驶正在变得更加简单、更加智能，无人驾驶技术更是在最近几年得到了长足的发展，并且正在成为未来汽车驾驶的一个发展方向，当无人驾驶技术成熟的时候，势必会改变未来出行的方式。

驾驶汽车最必不可少的步骤就是感知，感知车辆行驶过程中周围的路况环境，并且在此基础上做出相应的路径规划和驾驶行为决策，要求从感知到做出规划和决策能足够迅速，这样才能避免事故，安全稳定地进行交通。种种要求使得驾驶员成为传统汽车行驶中最重要的核心，无人驾驶技术最重要的就是取代驾驶员的作用，主要通过车内的车载传感系统，包括相关智能软件及多种感应设备，实现感知车辆周围环境的能力，并根据感知所获得的道路、车辆位置和障碍物信息做出判断，控制车辆的速度和转向，确保车辆能够安全、可靠地在道路上正常行驶。无人驾驶汽车突破了传统的以驾驶员为核心的模式，而且因为机器不会像人类一样疲劳或者醉驾，在其正常运行时能始终保持专注和准确，在一定程度上提高了行车的安全性和稳定性，可以降低交通事故的发生率，并且能够减少尾气排放和能源损耗，具有极高的经济效益和社会效益。无人驾驶系统示意图如图 10-2 所示。

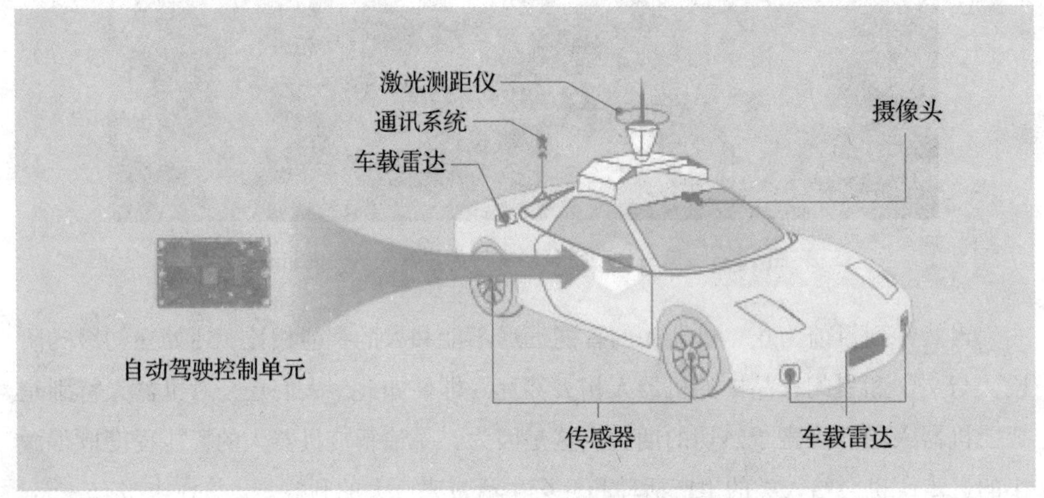

图 10-2　无人驾驶系统示意图

从 20 世纪 50 年代起，英美等发达国家就开始涉及无人驾驶汽车领域的研究，并在某些方面取得了很大进展。1950 年，世界上第一台自主导航汽车由贝瑞特电子公司在美国研制成功，实现了在设定路线上行驶。1987 年，奔驰公司投资赞助了慕尼黑国防大学实验室，独立设计了 VaMoRs 智能车，车速最高达到 96km/h。1994 年，欧洲研制的 VaMP 和 VITA-2 机器人车辆在巴黎进行了测试，并在多车道高速公路上行驶了 1 000 多公里，其中车速最高时达到 130km/h，并能自主完成跟踪行驶。

到了 21 世纪，无人驾驶汽车进入加速发展期。2005 年，在美国国防部主办的无人车挑战赛上，斯坦福大学的选手们改装的大众途锐多功能车经过七个半小时的长途车程到达终点，完成了全程障碍赛。2010 年，Google 设计制造的无人驾驶汽车进行并通过了主要城市道路的驾驶测试，确定具有完备的感知能力和高水平的人工智能。2014 年，CodeConfer-ence 科技大会上，Google 的新产品无人驾驶汽车亮

相，和一般的汽车不同，Google 无人驾驶汽车没有方向盘和刹车。美国、德国、日本等发达国家和欧洲由于对无人驾驶技术的研究起步早，对无人驾驶技术的掌握和对无人驾驶汽车的研发与生产更成熟和可靠。

无人驾驶技术在国内的发展较晚，但是速度并不慢，大有追赶发达国家的势头：2001 年研制成功最高时速达 76 公里的无人车，2003 年研制成功中国首台高速无人驾驶轿车，最高时速可达 170 公里；2006 年研制的新一代无人驾驶红旗 HQ3，则在可靠性和小型化方面取得突破。2011 年，红旗 HQ3 无人车首次完成了从长沙到武汉 286 公里的高速全程无人驾驶实验，创造了中国自主研制的无人车在一般交通状况下自主驾驶的新纪录，标志着中国无人车在环境识别、智能行为决策和控制等方面实现了新的技术突破。

红旗 HQ3 无人车由国防科技大学自主研制，2011 年 7 月中旬它从京珠高速公路长沙杨梓冲收费站出发，历时 3 小时 22 分钟到达武汉，总距离 286 公里。在实验中，无人车自主超车 67 次，途遇复杂天气，部分路段有雾，在咸宁还遭逢降雨。

红旗 HQ3 全程由计算机系统控制车辆行驶速度和方向，系统设定的最高时速为 110 公里。在实验过程中，实测的全程自主驾驶平均时速为 87 公里。国防科技大学方面透露，该车在特殊情况下进行人工干预的距离仅为 2.24 公里，仅占自主驾驶总里程的 0.78%。此次红旗 HQ3 无人车实验成功创造了中国自主研制的无人车在复杂交通状况下自主驾驶的新纪录，这标志着中国在该领域已经达到世界先进水平。

10.4　人工智能在医疗方面的应用

在 2017 年，一款叫作“晓医”的医疗机器人，以 456 分的成绩超过了 96% 的应试者，通过了国家医师执照的考试。如今晓医就职于安徽省立医院，负责提供导诊，晓医的服务彬彬有礼，而且不知疲倦，如图 10-3 所示。

随着语音交互、计算机视觉和认知计算等技术的逐渐成熟，人工智能的应用场景越发丰富，人工智能技术也逐渐成为影响医疗行业发展，提升医疗服务水平的重要因素，其应用技术主要包括：语音录入病历、医疗影像辅助诊断、药物研发、医疗机器人、个人健康大数据的智能分析等，涉及影像管理、诊断、治疗、研发、康复等各个方面。

图 10-3　医疗机器人“晓医”

10.4.1　基于计算机视觉技术的医疗影像智能诊断

人工智能技术在医疗影像的应用主要指通过计算机视觉技术对医疗影像进行快速读片和智能诊断。医疗影像数据是医疗数据的重要组成部分，人工智能技术能够通过快速准确地标记特定异常结构来提高图像分析的效率，以供放射科医师参考。提高图像分析效率，可让放射学家腾出更多的时间聚焦在需要更多解读或判断的内容审阅上，从而有望缓解放射科医生供给缺口问题。

10.4.2　基于语音识别技术的人工智能虚拟助理

电子病历记录医生与病人的交互过程以及病情发展情况的电子化病情档案，包含病案首页、检验结果、住院记录、手术记录、医嘱等信息。语音识别技术为医生书写病历，为普通用户在医院导诊提供了极大的便利。通过语音识别、自然语言处理等技术，将患者的病症描述与标准的医学指南做对比，为用户提供医疗咨询、自诊、导诊等服务。智能语音录入可以解放医生的双手，帮助医生通过语音输入完成查阅资料、文献精准推送等工作，并将医生口述的医嘱按照患者基本信息、检查史、病史、检查指标、检查结果等形式形成结构化的电子病历，大幅提升了医生的工作效率。

10.4.3　从事医疗或辅助医疗的智能医用机器人

医用机器人种类很多，按照其用途不同，有临床医疗用机器人、护理机器人、

医用教学机器人和为残疾人服务机器人等。随着我国医疗领域机器人应用的逐渐认可和各诊疗阶段应用的普及，医用机器人尤其是手术机器人，已经成为机器人领域的“高需求产品”。在传统手术中，医生需要长时间手持手术工具并保持高度紧张状态，手术机器人的广泛使用对医疗技术有了极大提升。手术机器人视野更加开阔，手术操作更加精准，有利于患者伤口愈合，减小创伤面和失血量，减轻疼痛等。

10.4.4　分析海量文献信息加快药物研发

人工智能助力药物研发，可大大缩短药物研发时间，提高研发效率，并控制研发成本。目前我国制药企业纷纷布局 AI 领域，主要应用在新药发现和临床试验阶段。对于药物研发工作者来说，他们没有时间和精力关注所有新发表的研究成果和大量新药的信息，而人工智能技术恰恰可以从这些散乱无章的海量信息中提取出能够推动药物研发的知识，提出新的可以被验证的假说，从而加速药物研发的过程。

10.4.5　基于数据处理和芯片技术的智能健康管理

通过人工智能的应用，健康管理服务也取得了突破性的发展，尤其以运动、心律、睡眠等检测为主的移动医疗设备发展较快。通过智能设备进行身体检测，血压、心电、脂肪率等多项健康指标便能快速检测出来，将采集的健康数据上传到云数据库形成个人健康档案，并通过数据分析建立个性化健康管理方案。同时通过了解用户个人生活习惯，经过 AI 技术的数据处理，对用户整体状态给予评估，并给出个性化健康管理方案，辅助健康管理人员帮助用户规划日常健康安排，进行健康干预等。依托可穿戴设备和智能健康终端，持续监测用户生命体征，提前预测险情并处理。

10.5　展　望

目前，人工智能的研究及应用主要集中在基础层、技术层和应用层三个方面，其中基础层以 AI 芯片、计算机语言、算法架构等研发为主，技术层以计算机视觉、智能语音、自然语言处理等应用算法研发为主；应用层以 AI 技术集成与应用开发为主。人工智能技术和产品的发展速度之快，已经大大超出人类的认知和预期，注定会改变我们的世界。即使改变世界的人工智能，并非科幻小说或预言家所说的“模拟或等于人类的智慧”的 AI（即强人工智能），而是依靠大数据优化，但在某些领域可以超越人类，并替代人类进行重复性工作。

未来随着科技进步，人工智能除了在语音识别、计算机视觉技术的继续拓展和实际运用外，在人工智能芯片、机器学习、神经网络等方面也将引来增强趋势，人工智能也将在越来越多的领域得到应用，我们可以期待能够追赶上人类智慧的强人工智能的出现，想必那时候的世界，将会是一幅革命般的全新景象吧！

拓展阅读

工信部宣布新增 5 个国家人工智能创新应用先导区

工信部 2021 年 2 月 19 日消息，工信部近日印发通知，支持创建北京、天津（滨海新区）、杭州、广州、成都国家人工智能创新应用先导区。这是继上海（浦东新区）、深圳、济南—青岛 3 个先导区后，工信部发布的第二批先导区名单。至此，全国人工智能创新应用先导区已增至 8 个。

该通知指出，北京国家人工智能创新应用先导区要加快核心算法、基础软硬件等技术研发，加速智能基础设施建设，打造全球领先的人工智能创新策源地。聚焦智能制造、智能网联汽车、智慧城市、“科技冬奥”等重点领域，加快建设并开放人工智能深度应用场景，优化治理环境，持续推进人工智能和实体经济深度融合，打造超大型智慧城市高质量发展的示范区和改革先行区。

天津（滨海新区）国家人工智能创新应用先导区要围绕京津冀协同发展战略，面向产业智能转型、政务服务升级和民生品质改善等切实需求，推动智能制造、智慧港口、智慧社区等重点领域突破发展。着力建设人工智能基础零部件、“人工智能+信创”产业集群，打造共性技术硬平台和创新服务软平台，推动人工智能产业补链强链。

杭州国家人工智能创新应用先导区要进一步深化人工智能技术在城市管理、智能制造、智慧金融等领域的应用。通过改革创新举措，积极探索符合国情的人工智能治理模式与路径，促进新技术、新产品安全可靠推广，着力打造城市数字治理方案输出地、智能制造能力供给地、数据使用规则首创地。

广州国家人工智能创新应用先导区要紧扣粤港澳大湾区发展要求，充分利用产业链条齐全、创新要素汇集、应用场景丰富等条件，高标准建设人工智能与数字经济实验区。聚焦发展智能关键器件、智能软件、智能设备等核心智能产业，面向计算机视觉等重点技术方向和工业、商贸等重点应用领域，不断挖掘人工智能深度应用场景，为广州实现老城市新活力和“四个出新出彩”提供新动能。

成都国家人工智能创新应用先导区要立足“一带一路”重要枢纽与战略支撑点的区位优势，把握成渝地区双城经济圈建设机遇，以人工智能赋能中小企业为重要抓手，聚焦医疗、金融等优势行业，释放应用场景清单，促进技术—产业迭代发展。要结合西部地区特点，在政策、机制、模式创新上积极探索实践，打造有活力的产业生态圈和功能区，辐射带动区域人工智能融通发展。

思考与练习

1. 你在生活中还见过哪些人工智能的应用？

2. 你觉得人工智能的发展和应用是否会对人类自身造成威胁？

3. 如果无人驾驶汽车出车祸，你觉得谁应当为此负责？以此为例思考人工智能应用过程中涉及的法律与伦理问题。

参考文献

[1] 李德毅. 人工智能导论 [M]. 北京：中国科学技术出版社，2018.
[2] 陶昱. 智能语音助手或成未来间谍？[N]. 解放军报，2019-01-25.